나의 차생활 50년

티웰

화정 신운학 _ 1937년 오사카 출생

和靜 申雲鶴

화정다례원 원장

고려말차다도 종가

(사)한국차인연합회 고문

저자 : 경기도 양평군 양서면 한여울길4

Tel_ 010-9195-2881 / 031)772-7321

나의 차생활 50년

저자 신운학

티웰

지난 세월을 돌이켜 생각해 보면 20대에 어머니가 일본 다도를 배우라고 권할 때가 생각난다. 딱 50년 전의 일이다. 차실에 가는 날이 기다려졌고 차실에서 반복되는 동작 하나하나를 익힐 때는 세상의 일들은 다 잊고 차에 집중할 수 있어 활발하게 놀러 다닐 나이인 나의 20대는 그렇게 시작되었다.

한국에서 유학온 유학생 성영곤 씨와 결혼하여 두 아이를 낳고 한국으로 넘어와서 가족 모두 한국에서 정착하게 되었다. 한국의 전통문화에 늘 관심이 있던 중, 낙선재 차회에 초대받아 이방자 여사와 함께 한자리에서 차를 다시 시작해야겠다는 생각을 하게 되었다.

이방자 여사를 만난 이후 한국과 일본의 차문화에 깊은 관심을 가지게 되어 한 · 일 친선 차문화교류의 계기가 되었다. 그 후 시간이 지나 1983년 서초동에서 화정차회 교실을 시작하면서 일본 다도 우라센케 15대 이에모토(家元) 센겐시쓰 종장의 방문이 있었고, 한일 차인들 간

의 교류의 장이 되었는데, 이는 오늘날 고려 시대 접빈다례를 만들어가
는 데 큰 힘이 되었다. 1989년 고려 시대 접빈다례로 미국 순회공연을
하면서 화정회 회원들과 우리 문화에 대한 자부심을 느꼈고, 한국에서
가장 차 문화가 발전되었던 시기인 고려 시대 말차 다법에 대한 연구가
더 깊어지게 되었다. 이후 차 행사에서는 조금씩 확장하여 고려오행다
례법, 고려말차법 등등을 회원들과 함께 연구하고 발표하는 기회를 가
지게 되었다.

인사동 〈차 이야기〉를 거쳐, 1995년 안국동으로 차실을 옮기게 되었
다. 이곳에서는 한국에 거주 중인 일본인들을 상대로 한국 다도를 지도
하는 일이 많았는데, 일본인들이 한국의 정서를 좋아하는 것을 많이 보
게 되었다. 이곳은 참 많은 차인들이 다녀가는 공간이 되었는데, 큰 수
술을 두 차례 받은 이후 경기도 양평에서 안국동까지 오가기가 어렵게

되어 차실 문을 닫게 된 것이 아쉬운 일로 기억된다.

내가 오늘날까지 회원들과 함께 차를 연구하고 발표할 수 있었던 데는 20대에 일본에서 일본 다도를 배운 것이 기초가 되었다는 점을 말하고 싶다. 한국과 일본의 정서가 다르지만 차는 하나라고 생각하기 때문에, 이는 한국의 다법을 연구하고 자리 잡는 데 있어서 큰 도움이 되었음을 밝히고자 한다. 그리고 차생활 전반을 돌아보면 1980년대 후반 (사)한국차인연합회의 초기 활동에서부터 현재까지 무한한 사랑을 받은 것으로 기억된다. 박동선 이사장님과 박권흠 회장님의 큰 노고에 감사드린다.

나는 평생 다법을 연구하고 보급하는 일에 매진해 왔다. 그래서 이 책의 제목을 '나의 차생활 50년'으로 정하고, 다법에 관련된 내용에 집중하여 정리하였다.

오래전 일들이라 다 기억하지 못하지만 사실을 기반으로 기록하려

노력하였고, '차문화기록가' 박홍관 티웰 대표가 기록물로서 가치를 가질 수 있도록 편집과 출판을 맡아서 진행하였다. 나의 차생활이 이만큼이라도 정리될 수 있었던 것은 오랜 기간 함께해온 화정다례원 회원들 덕분으로 참여와 노고에 감사드린다.

한국에서 오랜 세월 차인의 길을 가면서 늘 옆에서 힘써주신 지금은 고인이 되신 한웅빈 선생, 박종한 선생, 박태영 고문 님께 마음 깊이 감사드린다. 현재 현역에서 큰 활동을 하고 계시는 박동선 이사장, 박권흠 회장, 그리고 평생 도반으로 함께해온 손성혜 친구에게 감사드린다.

2021년 경기도 양평 차실에서

신운학

연보

학력

1958년 3월 일본대판송음 여자대학교 식품영양학과 졸업

1994년 12월 (사)한국차인연합회 다도대학원 수료

1995년 2월 고려대학교 산업대학원 고위산업정책과정 수료

직위

　　　　　화정다례원 원장

　　　　　고려말차도종가

　　　　　고구려차가무악 회장

1980년 (사)한국차인엽회 이사

1986년 (사)한국차인연합회 부회장

2002년 한국생활문화 이사

2002년 호암 라이온스클럽 이사

2005년 – 2021년 (사)한국차인연회 고문

활동

1970년 한국최초 다도 기초실기법 시작

1971년 서울 다도회 발기인 지도위원 다도 지도자(최범술, 이방자비 등과 함께)

1972년 예지원 교육과정 37기생수료 및 다도부 제1기 회장 역임

1973년 대구지방에서 차문화보급 활동

1975년   한국차인연합회 가입 일본 표천가 친선교류 도치기현 이방자비

            모시는 차회행사

1978년   화정차회 (사)한국차인연합회 가입

1979년   일본 규슈지방 차순례, 후코오카 센터 문화교류에서 차음악

            발표함(한국전통차시연)

1980년   다산 정약용 선생 헌다제계의식 한국최초 헌다시연

1982년   화정회 다도 교실 시작

1983년   동양 공업전문대 다도학 전임강사 임명

1985년   한국차인회[현, (사)한국차인연합회] 주최 한국정신문화연구원

            제1회 세미나발표〈차와 미와 정과 동〉 다례법 발표

1986년   (사)한국차인엽합회 발기인 우리차 마시기 차 연구분과 활동

1987년   근대사한국최초 말차법 발표, 전통문화살리기 고려말차 발표 1회

            (한국의 집)및 차신 신농상제계춘차 헌다제례 및 다도 음악 창조 연출

1988년   고려말차 발표 2회(대구 계명대학) 두목 – 고려 접빈다례

1989년   고려말차 발표 3회(한국 하버드대) 접빈 – 선인과 귀인 다례

1991년   고려말차 발표 4회(일본 나고야) 두목 – 접빈 두리차 시연

1993년   고려말차 발표 5회(신라호텔 한, 중, 일 동방 차문화 교류) 동방의 나라

1993년   재일교포부인회와 7합다례

1994년   (사)한국차인연합회 차의 날(5월 25일) 들차회 창조초시연

1994년   고려말차 제6회 대만 손문기념과 백년학 연출 시연

1994년 고려말차 제7회 경기도 이천 도자기문화 축제 오행다례시연

고려말차 제8회 한, 일, 차문화 교류(일본 속의 한국문화를 찾아서),

고려 약광왕 헌다례(일본 일고시 고려신사에서)

1995년 고려말차 제9회 고려오행다례의식 연출 발표 제4회 세계 차문화 연토대회

1995년 서울 불광사 다경 다도회 설립 다도 끽다법 지도

1996년 ASIAN Week 96년 국제교류 가야차 시연

1996년 제5회 초의문화제 백제차시연

1996년 단군제 헌다제례(사직공원)

1997년   한인차인연합회 차의 날 성인다례식 연출(올림픽공원회관)

1997년 사라져가는 전통문화예술 고구려다례 제1회 각본연출 및 시연발표 고구려차

(시조 동명왕헌다례식 및 11인행렬 접빈진다례 각본 연출 발표)쉐라톤
호텔 전야제 시연

1997년 8월 영국 대영박물과에서 제2회 고구려차 가무악 동명왕 헌다례시연

1998년 고종황제진다례식례 덕수궁 정관헌에서 연조정 편의재연 기획각본 발표

1998년 고려말차 제10회, 제5회 세계 차문화 연토 발표대회 중국 항주에서 고려
오행다례 연출 시연

1998년 10월 외국인과 차의 만남(신라천년의 차문화 향기) 세계평화 기원 차회

1999년 1월 (사)한국차인연합회 창립 20주년 행사 명원차문화대상 시상 및 교육상
송로상수상(세종문화회관)

2000년 8월 (사)한국차인연합회 연수회, 대구 연수원에서 [홍차의 세계] 발표

2002년   8월 일본경도 법연사 한국교류우의 회 연화차 시연

2003년   고려말차 제11회 일본 이문화예술심의 시대 페스티발 아시아 시민회관

　　　　루니홀 고려도경 접빈다례 시연 - 신운학 차생활 30년 기념 행사

2003년   8월 고려말차 제12회

　　　　한국차인연합회 연수회 고려도경 접빈다례시연(경주교육문화회관)

2003년   10월 일본 대판사천왕사 성덕태자 헌다제례 시연

2004년   5월 이방자여사 헌다제례

2004년   10월 일본겸창 한,중,일 3국 차대회 고려말차(운화차) 시연

2004년   12월 우리것 보존협회 주최

　　　　명인 명품 대상 명인상 한국전통문화 다도문화상 수상

2005년   4월 한일국교회복 40주년 우정 기념 행사

　　　　한일우정 2005 다도문화교류회 표천가 고려다도 시연

2005년   5월 우주 오행 다례 발표 시연

2012년   4월 초의문화제 초의상 수상

2015년   한일수교 50주년 기념 문화훈장(일본)

2020년   다산 다인상 공로상 수상

나의 차생활 50년

1959년 ～1963년
오사카 적십자병원에서 영양사로 활동

우라센케 다도입문

1961년

· 잠자는 아이들 머리맡에 둘 작은 병풍에 사용하려고 그림을 그렸다.

결혼식

　나는 1967년 일본 오사카에서 결혼하고 두 아이를 낳았다. 가족 모두 한국으로 와서 정착하고 가정과 차생활을 모두 잘할 수 있었던 것은 남편 성영권씨의 전폭적인 후원 때문에 가능하였다고 본다. 큰아들 성환수는 서울대학교 농업경제학과 졸업, 미국 펜실베이니아대학교 농업경제학 박사학위를 받고 미국에서 정착하여 손자, 손녀가 있다. 작은아들 성환태는 서울대학교 의과대학교를 졸업하고 현재, 한국에서 피부과 의원을 운영하고 있다.

1937년 일본 오사카에서 태어나 대학 시절부터 차를 접하게 되어 우라센케에서 다도 수업을 받았다. 1967년 결혼과 함께 한국에 정착한 후 1세대 차인들과 교류를 하면서 한국 차 문화의 태동기부터 활동을 해왔다. 낙선제(樂善齊)에서 열린 이방자 여사(대한제국 마지막 황태자비)를 위한 다례제 〈국제한일차문화교류회〉에 초대받았다. 이때 처음으로 한국의 전통차 문화를 경험하게 되었다. 이후 화정다례원을 개설하여 오랜기간 서울 서초동과 안국동, 경기도 양평의 차실을 오가면서 정기적인 교육을 해왔다. 한국에서 행다법으로 닮고 싶은 선생으로 치자면 단연 일등일 것이다. 일본에서 전해지고 있는 '고려도경 다법'을 당시의 의상과 소품으로 만들어 국내외 주요 행사장에서 최초로 선을 보이기도 하였다. 현재 (사)한국차인연합회 고문으로 활동하고 있다.

2013년 〈한국현대차인〉 신운학 편, 박홍관

차를 생활로 만든 운명적인 만남

예지원이 주최한 낙선재 차회에서 이방자 여사
(대한제국 마지막 황태자비)를 만났습니다. 행사를
보면서 한국에도 차가 있음을 알고, 얼마나 반가웠
는지 모릅니다. 훗날 시대차를 함께 했던 설옥자 씨
를 만났습니다. 이날을 계기로 일본식 다도를 익히
알고 있었지만 일본의 것이 아닌 한국 것을 알고 싶
어, 효당 최범술 스님, 한웅빈 선생, 안광석 선생 등
을 찾아뵙고 때론 자문을 구하고 때론 실기를 익혔
습니다.

한일차문화교류회

　낙선재에서 열린 '한일차문화교류회"는 국내외 차
인들과 이방자 여사 앞에서 당당하게 한국식 행다
를 시연한 차회다. 낙선재에서 민간인이 주최한 차
회로 이날 성공적인 행사를 마치면서, 차로 인한 민
간외교가 가능하다는 점을 보여준 사례가 되었다.
　박동선 신로차 대표의 후원과 참여, 이정애, 설옥
자, 박종한, 석선혜 스님을 모셨다.

일본에서 온 차인들의 전차도 시연

28

신세계백화점 커피숍
'모카커피 하우스' 오픈

1975년 백화점 내에 커피 시음코너를 마련하고 '모카커피 하우스'를 개점하였다. 그 당시 커피는 인스탄트 일색이었는데, 생크림을 섞은 비엔나 커피 등 새로운 커미 맛과 향기는 장안의 화재를 불러 일으켰다.

어머니 손잡고 찾아간
절에서의 따뜻했던 茶

한국 사람이면서 한국말을 더듬는, 그래서 한번 만난 사람이면 오래 기억하게 되는 화정차회 신운학 회장은 재일교포 2세다. 일본에서 태어나 대학교까지 마치는 사이 (당시 유학 중이던) 고국 동포 중 유난히 조국애가 강한 성영권(成英權, 당시 공학도) 씨를 만나 결혼하게 된 것이 신 회장이 한국에서 살게 된 동기다. 어린 시절 어머니 손을 잡고 교토 등지의 절에 갈 때면 스님들이 물을 끓여 따뜻한 茶 한 잔을 내왔는데, 그때의 향기, 분위기는 보석 같은 추억으로 간직하고 있다고 한다. 신 회장이 대학 생활 중 필수 교양과목으로 다도(茶道)를 선택한 것도 어쩌면 그런 어린 날의 영향에 기인한 것이 아닌가 싶다.

· 1975년에 가진 한국차문화교류회

　일본 여자대학에서는 모든 학생에게 꽃꽂이, 자수, 다도, 요리 중에서 하나를 필수과목으로 선택하도록 제도화되어 있는데, 전공이 영양학인 관계로 신 회장이 택한 것은 다도였다. 하지만 다도 정신이 보편화된 나라이므로 대학 시절의 다도가 크게 돋보일 까닭이 없었다고 한다. 그때를 회상하는 신 회장은 『茶道는 여성으로서 여성다운 아름다움을 내적으로 세련되게 갈고 다듬는 교양과목』 정도로 학생들 간에 인식되어 있었다고 한다. 결혼 이후 가족을 떠나 부군을 따라 고국에 정착한 신 회장은 서울공대에서 영양사로 근무했다. 무엇인가 자신의 힘으로 가능한 범위에서 한 단계 위의 것을 찾아 부단히 노력하는 신 회장의 성격은, 첫 직장이라고 할 수 있는 서울공대에서 「수요일은 분식의 날」을 제도화하는 데 성공함으로써 성취의 보람이 무엇인가를 느끼기 시작했다. 지금은 「분식」이라는 말이 흔해졌지만, 그때만 해도 낯선 용어였던 것이다.

　이후 신 회장은 자신의 전공을 살리는 범위에서 더욱 뜻깊은 일을 모색했다. 대학 생활 때 익힌 茶道를 염두에 두기도 했으나, 워낙 국내에서 차를 접하기 어려워 차는 엄두를 못 냈고, 궁리 끝에 커피에 손을 댔다. 당시 커피는 인스턴트 일색이었다. 신 회장은 신세계 백화점 내에 커피 시음 코너를 마련하고 원두커피를 선보였다. 생크림을 섞은 비엔나커피 등 새로운 커피 맛과 향기는 장안의 화제를 불러일으켰다. 신 회장은 그때의 일을 이렇게 회상한다. 『어떤 음료라도 제대로 알고 제대로 된 방법으로 마시는 것이 옳다는 생각이었지요. 한국 문화가 뒤떨어져 있다는 것은 커피에서도 느껴졌습니다. 커피 시음 코너의 운영은 기대 이상이었습니다.』 이일은 신 회장을 원두커피의 개척자로 기록되게 했다. 그리고 이때의 생각이 후일 茶生活 운동에도 그대로 연결되는 모습을 보였다. 『그 뒤에 낙선제에서 차회가 있었지요, 정확히 기억은 못 하지만 약 15년 전의 일이었습니다. 예지원이 주최한 낙선제 차회를 보면서 한국에도 차가 있음을 알았습니다. 얼마나 반가웠는지 모릅니다. 그날 낙선제 茶會에서 설옥자 씨를 만났지요.』 신 회장은 이때부터 한국의 茶를 찾아 나섰다고 한다. 일본식 다도를 익히 알고 있는 그로서는 일본의 것이 아닌 한국 것을 알고자 애썼다. 효당 최범술 씨, 한웅빈 씨, 안광석 씨 등을 찾아뵙고 때론 자문을 구하고 때론 실기를 익혔다. 그러나 마음으로부터 충족을 느끼지 못했다. 『배운 것도 있었지요. 그러나 알고 있던 범위 이상의 것은 아니었어요.』 이것이 신 회장의 솔직한 고백이었

· 1980년 9월 제1회 한국차인회 차예절연구발표회

다. 그리고 졸업할 무렵 강영숙 원장으로부터 「예지원 다도반」을 설립할
예정인데 그 다도반을 맡아달라는 권유를 받기도 했다. 『가장 생각나는
것은 청파동 광주다도교실 윤규옥 선생님이 말차를 맡았고 나는 전차를
도왔습니다. 그때 청파동의 광주다도교실은 KBS TV의 뉴스거리였습니
다.』예지원 생활 직전인 1977년 전후 청파동에 개설된 광주다도교실은
당시 장안의 화제였다. 근래 흔히 말하는 「유한층의 특수취미」운운과는
거리가 먼 새로운 사실, 역사의 발견(?)이었다. 그리고 이때 많은 사람
과 사귀게 되었다고 한다. 신 회장은 『대구에 내려가 이정애 여사와 만
난 것도 이때였습니다. 1980년 9월 제1회 한국차인회 차예절연구발표회
입니다. 김미희 여사, 박종한 교장 선생님, 박대영 화백, 이귀례 여사 등

등…. 그때 일이 즐겁고 생생합니다. 누가 누구를 가르치기보다, 이것이 茶라는 것을 알리는 정도였고 분위기도 좋았었지요. 지금 생각하면 그때가 더 좋았는지 모릅니다. 서로 나서지도 않았고 서로 화합했던 때였지요.』 진주에서의 茶會, 전남 해남에서의 일지암 복원 불사 추진 등 몇 가지 요인도 있었지만, 청파동의 광주다도교실이 사단법인 한국차인회 탄생에 커다란 밑거름이 되었음을 믿고 있다고 신 회장은 말한다. 그렇게 하여 1979년 한국 차인회가 탄생한 이후 임원으로 위촉되고 1982년 연합회로 개칭되면서부터 「화정차회」로 창립, 오늘에 이르고 있는 것이 신운학 씨의 小史이다. 지금 신운학 씨는 화정차회 회장 이외에 한국여성문화연구원(서초동 소재)을 통해 茶, 요리, 꽃꽂이, 혼례법 등 여성 주부 대상의 교육에 힘 쏟고 있고, 롯데백화점 10층에 있는 茶室「蘭」은 8년째 접어들고 있다. 일본에서 태어나 자란 관계로 언어가 유창하지 못하고 지인이 많지 않다는 어려움이 있었지만 부단한 노력으로 극복한 지 이미 오래다. 그리고 누구보다 일본 茶道를 잘 알고 있으므로 그가 펼치는 茶道는 일본 것일 수가 없고, 이미 알고 있는 일본 다도의 짧은 역사가 아닌 한국 차의 깊은 역사에 스스로 심취하고 있다고 한다. 일본 다도(茶道)가 무엇인지 그 실체를 알지 못하는 사람들이 툭하면 저건 일본 차, 저건 일본 茶道하고 비방하는 풍조가 못내 아쉽다고 말하는 신운학 씨. 『차는 움직이는 예술입니다. 우리나라 선비정신이랄까, 양반의 무게, 지금도 있고요. 그것은 우리나라 선비정신이랄까, 반양의 무게, 지금도 있고요. 그것은 茶와 아주 밀접한 관련이 있다고 나는 믿습니다. 茶에 따른 여러 동작을 세심히 살펴보면 일상의 동작도 다 포함되어 있습니다. 차의 훈련은 그래서 필요한 것이고, 또 차를 할 때면 잡념이 없어집니다. 한 가지만을 생각할 때 정신은 맑아지는 법이고, 그것이 곧 행동을 명상화하는 방법이 되는 것이지요.』조심스럽게 말하는 그는, 아무것도 아닌 질서 없는 차란 생각할 수 없고 한국의 양반 정신이 차 없이 성립될 수 없음을 – 비록 기록은 정확하지 않더라도 믿고 싶다고 한다. 『안타까운 것은 일본의 경우를 보면 사제 간의 일체감이 참 좋습니다. 선생을 존중하고 선생은 끝까지 후배나 제자를 도와주는 분위기가 아름답지요. 그러나 한국의 현실은 그렇지 않은 것 같아요. 그것은 안타깝기보다 이해할 수가 없어요. 茶나 꽃꽂이에 있어서 가장 강조되고 있는 것이 아름다운 매너인데, 그 기본이 무시되고 있는 것을 이해하기는 힘들지요.』정신+행동=다도임을 주장하는 신운학 씨, 다도에서 정신을 주장함은 종교인의 수양하는 자세 같은 것이며, 격식을 주장함은 아름다움을 가꾸고 다듬고 창조하고자 하는 것이라고 말하는 그는『차의 모든 과정은 그러한 3박자의 리듬』이라면서『한 박자 쉬고 또 3박자… 고요한 마음으로 움직이는 동작이 다도의 사상』이 아니겠느냐고 반문한다. 이글은 1987년 月刊茶談 6월호 나의 차 생활 이력서에 인터뷰한 내용을 기본으로 하여 정리하였다.

이글은 1987년 月刊茶談 6월호 나의 차 생활 이력서에 인터뷰한 내용을 기본으로 하여 정리하였다.

나의 '조리사 면허증'은
자부심이다

자부심을 느끼는 조리사 면허증으로

깊고 넓은 차의 세계를 가지게 되었다.

김대렴비 제막식

　1981년 5월 25일에 한국 차의 날이 선포되고 차의 선언문을 공포하고
귀당사 김대렴공을 길이는 추원비가 하동 화개동에 세워지는 날. 차인
으로서 감명 깊은 날이었다.

1983

우라센케 15대 종장 방문

서초동 차실에 우라센케(裏千家) 15대 이에모토 센 겐시쓰(千玄室,) 대종장의 방문기념 촬영

전 통 문 화 교 실 운 영

Shinsegae recognizes the need to expand the role of the department store from that of a mere sales outlet to becoming a center of culture and entertainment as well. Therefore, there are now a variety of socio-cultural programs offered to help improve the standard of modern life as well as to increase the awareness of traditional values. Each store is providing space to accommodate such things as art galleries, culture classes and auditoriums.

At Shinsegae's two art galleries, grand art exhibitions are held all year long. Noteworthy events include "the Exhibition of Woodenware of the Yi Dynasty" and the semi-annual "International Exchange Exhibition." Through activities such as these, native tradition is passed on to younger generations and mutual understanding among the peoples of the world is enhanced.

Shinsegae has also been publishing its own monthly magazine since 1979. Currently, it is being sent to more than 50,000 regular Shinsegae customers. In the magazine, readers are provided with cultural-related articles as well as information on modern life styles.

신세계 백화점에서 원두커피 전문점과 전통문화 교실을 운영하였다.

전국차생활지도자연수회

85 10 6

대구 차인들에게 전차도 시연

석정원차회 회원들에게 전차도 시범

고려말차발표 다회

격려사

전통문화방전에 좋은 계기

신록의 계절에 차회를 갖는다는 소식이 왔다. 일반 차
회가 아닌 고려 시대 말차 발표회를 갖는 것은 매우 뜻
깊은 일이 아닐 수 없다. 돌이켜보면 우리는 유구한 역
사 속에서 세계의 어느 민족보다도 훌륭한 문화를 창
조해왔다. 최근 몇 세기 동안 여러 형태의 변화를 겪으
면서 낯선 외래문물과 만나기도 하고, 우리의 빛나는
민족정신 또한 외래 사조의 영향을 피할 수 없이 받아

왔다. 하지만 겨레 특유의 끈질긴 생명력은 전통문화를 지키고 가꾸어 다듬는 데 부단히 노력해 왔고, 더욱이 최근에는 그러한 노력이 더욱 활발해지고 있어 그 분야에 관심이 깊은 사람들에게 힘을 주고 있다. 이번 화정다회 신운학 회장이 마련한 고려 시대 말차 발표회는 그런 의미에서 높이 평가되어야 할 귀한 행사의 하나임을 믿으며 진실로 우리의 전통문화를 아끼는 茶人들에게 좋은 계기를 제공할 것으로 본다. 특히 고려 시대의 말차 문화는 한민족의 기운이 부강했던 시대의 상징이자 지표였던 만큼, 그 시대의 말차를 오늘에 재등장시키는 일은 올림픽을 앞둔 현세의 상황에 견주어 볼 때 결코 가벼운 의미가 아님을 강조하고 싶다. 社團法人 韓國茶人聯合會長 宋志英

축사

두 나라 茶人들의 뜻깊은 모임에 한국의 화정차회와 일본의 福岡煎茶各流委員會가 협력하여 친선을 도모하기 위한 강연과 시범회를 가지게 된 것을 진심으로 경하해 마지않습니다. 우리 두 나라 전통문화는 다른 환경 속에서 다듬어지고 이어져 오늘날에 이르렀다고 하며, 한편 한국도 역시 1,500여 년 전 신라시대에 이미 차가 성행했다는 오랜 전통을 가지고 있습니다. 본인은 평소부터 한일 두 나라는 마음으로부터의 문화교류가 이루어져야 한다고 생각해 왔으며, 그것을 위해서는 서로를 이해하는 것이 첫걸음일 것입니다. 그러한 의미에서 다같이 다도에 정진하시는 두 나라의 차인들이 함께 하는 오늘의 이 모임은 매우 뜻있는 것이 되리라고 생각됩니다. 진정한 문화교류는 상호 이해 없이는 이루어질 수 없다는 평범한 진리를 내세울 것까지도 없이, 그것을 실지로 이행하고 계시는 여러분의 오늘과 같은 교류가 문화의 여러 분야에 확산되고, 나아가서는 문화 이외의 영역에까지 넓혀졌을 때 진정한 한일 양국의 신시대가 꽃을 피우게 될 것이라고 본인은 확신하는 바입니다. 이번의 韓日茶文化交流會 개최를 위하여 진력하신 ㈳韓日協會를 비롯한 관계자 여러분께 심심한 치하의 말씀을 드리는 바입니다.

감사합니다. 駐韓日日本臺使 梁井清一

인사말

말차 발전에 작은 힘이나마

여러 차 회원님들 안녕하셨습니까? 좋은 계절인 6월, 새 차가 나오는 계절에 여러분들과 함께 새 차의 향기를 맡기 위하여 이 자리를 마련하였습니다. 마침 우리나라의 기후와 똑같은 일본 큐슈 지방에서 나오는 향기로운 차를 가져왔고, 동시에 한·일친선차문화교류회를 열게 되어 더욱 좋은 자리가 될 수 있는 것 같습니다.

그동안 차와 함께 생활해온 지도 17년이란 세월이 흘렀습니다. 우리나라의 전통차와 생활차의 기본을 차에 관심이 있는 분들에게 홍보하며 지내온 나날이었습니다. 그러던 중 차 인구도 늘어났고 관심도 많아진 이즈음에서 한국 다도와 일본 다도의 모체가 어디에서 나왔는가를 찾아보았습니다. 그 결과 신농(神農)氏에게 바치는 계춘차례법과 고려 시대의 선원방장재연다례법, 주자가례, 향음주례, 예기 등을 참고하여 말차법을 연구하게 되었습니다. 그리고 고려 시대의 말차가 어디에서 왔는지를 조사하다 보니 B.C.5,000년경에 신농 氏가 차를 발견하게 된 것이 시작임을 알게 되었습니다. 후일의 사회에서는 신농 氏에게 감사하는 마음으로 찻잎이 나오는 계절에 새 차로 제사를 올렸던 것입니다. 이것이 계춘차의 유래입니다. 고려 시대에 와서 불교가 왕성해지면서는 부처님에게 차를 올렸습니다. 또한, 주자가례, 향음주례, 예기 등을 참고하여 고려 시대의 말차법을 연구하다 보니 바로 오늘날의 일본 다도의 형식과 같다는 것을 알게 되었습니다.

그 결과, 고려 시대의 말차법을 연구 발표하여 우리나라의 말차 개발과 보급에 보탬이 되고자 이번 행사를 마련하였습니다. 말차가 일본 고유의 것이 아니라는 것을 알림으로써 우리도 자유롭게 말차법을 개선할 수 있고, 한국 다도와 일본 다도의 공통점과 차이점을 비교해 본다는 데 이번 행사의 의의가 있는 것입니다. 이 발표회를 갖기까지는 무엇보다 한웅빈 선생님으로부터 지도받은 바가 큽니다. 우리의 뿌리를 찾아서 말차를 발전시키는 데 작은 힘이나마 보탬이 되었으면 하는 바람 바람 간절합니다. **和靜茶會長 申雲鶴**

神農氏季春獻茶禮法

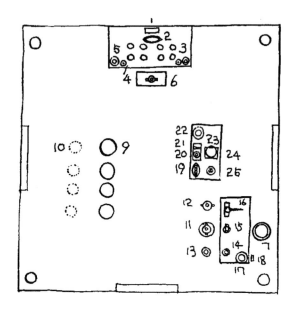

1. 제주(祭主)는 동북간에의 水谷에서 결재하고 심의로 갈아입고 좌석에 들어온다.

2. 고관(객) 4명과 종자 4명은 다 같이 개수로써 몸을 씻고 들어온다.

3. 제주는 다기구가 있는 앞에 앉는다.

4. 고관 한 사람은 불이 잘 일고 있는지 본다.

5. 시자는 차 탁자 앞에 앉아서 헌다반에 다완을 담고 제주 앞에 가져간다.

6. 제주는 다완을 솥 앞으로 가져온 다음 빨간색 다포를 오른쪽에 놓는다.

7. 시자는 차호, 차시를 다반 위에 놓고 제주 앞에 가져온다.

8. 제주는 끓고 있는 탕관의 물을 표주박으로 떠내어 다완에 붓는다.

9. 차를 솥에다 넣는다.

10. 제주가 차호, 차시를 다반에 놓으면 시자는 원위치에 갖다 놓는다.

11. 시자는 헌다기를 가져와 제주 옆에 놓는다.

12. 제주는 차선을 다완 앞에서 꺼내어 놓고 다완의 물을 퇴기에 버린다.

13. 제주는 표주박으로 끓고 있는 차죽을 저은 후 다완에 담아서 차선으로 젓는다.

14. 고관은 차가 잘 됐는지 확인한 후 물어간다.

15. 제주가 다된 차를 빨간 다포 위에 얹어 놓는다.

16. 시자는 헌다기에 차를 옮긴다.

17. 이때 고관 4명은 사방을 에워싼다(잡귀가 들어오지 않도록).

18. 제주가 먼저 제단 앞으로 가면 시자는 차를 갖고 제주 앞에 간다.

19. 제주는 제단 위에 놓고 뚜껑을 열고 3발짝 뒤로 물러서서 三六大禮한다.

20. 시자는 차 탁자 위에 있는 솥을 가져와서 표주박 옆에 놓고 다완을 앞에 가져온 후 차선을 놓는다.

21. 시자는 주자의 물로 차선을 헹구고 다완을 헹군다.

22. 다완과 차선을 빨간 다포로 덮어서 옆에 놓는다.

23. 시자는 물주자를 가지고 솥에 물을 부은 다음 솥을 갖고 탕관을 닦는다.

24. 탕관의 뚜껑을 닫고 솥을 내려놓는다.

25. 시자는 퇴수기를 갖고 나온다.

고려시대 말차 다례 배치도

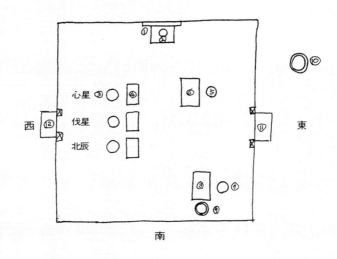

1 족자

2 향로

3 손님

4 손님 상

5 주인

6 차상

7 시자

8 차도구 상

9 화로

10 옥관

11 출입문(주인)

12 출입문(손님)

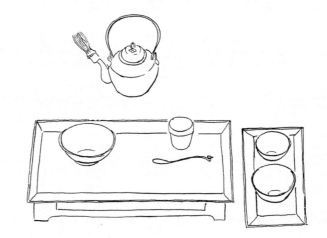

참고자료

선원차례, 주자가례, 향음주례, 세종장헌실록, 예기

제4회 전국차생활지도자연수회

제5회 임원 및 단위 차회장 연수회

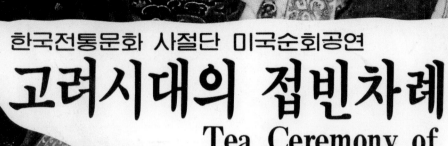

한국전통문화 사절단 미국순회공연
고려시대의 접빈차례
Tea Ceremony of Koryo Dynasty

일시 : 1989. 5. 13~5. 30

장소 : MIT. Harvard, Yale, 캐나다교민회관

주관 : 화　정　회 (회장 신 운학)

Period　　　 : May 13, '89~May 30
Place　　　 : the Universities of MIT, Harvard,
　　　　　　　Yale and Canada resident hall
Management : Hwa Jeong Society
　　　　　　　(Chairman, Shin Woonhak)

미국 순회공연

고려접빈차를 재현하면서
화정회 회장 신운학

　금번 사단법인 한국차인연합회 화정회에서 MIT대학 박물관 초청으로 동 대학에서 한국 고려 시대의 민가 접빈 다회를 재현하는 시범회를 개최하게 된 것을 영광으로 생각합니다. 그리고 이 행사를 주선하여 주신 MIT대학원 한국 학생회와 김영분 여사님과 박종한 선생님의 협조에 감사드립니다. 한국의 고려 차는 전왕조시대의 신라 차 전통을 계승하면서, 또 중국 송나라 차의 영향을 받아 독특한 다풍을 이루었습니다.

　고려 차는 신라의 다탕 점다법에서 다완 점다법으로 바뀌었고 신라의 풍류차에서 다선풍으로 변화되었습니다. 그리고 왕실과 귀족 승려들의 상류사회에서 서민계층까지 음다의 풍습이 보급되어 있었습니다. 고려는 연등회와 팔관회뿐만 아니라 태후와 왕세자의 책봉, 공주의 하가 등 국가와 왕실의 중요행사 때마다 거의 차를 사용하였습니다. 그리고 이와 같은 행사를 뒷받침하기 위하여 다방이란 관청이 설치되어 다구를 갖추어 수행하였으며, 개성에는 민간인의 다점과 다원이 생겼습니다. 고려 차의 종류는 병차와 단차를 연마한 분말차가 주가 되었습니다.

　음다 절차는 고려 인종왕 때 송나라 사신으로 서긍(徐兢)이 지은《고려도경》에 자세히 소개된 바 있듯이, 그 행다 절차가 까다롭고 정중한 것은 송나라 풍속에는 없는 우리 고유의 다풍이며 당시 일본의 무로마치 시대에 영향을 주었습니다. 고려 다회가 차로에 세 번 차를 올린 것과 차외에 약탕을 올린 것은 일본 다도에서 아침, 오후, 밤 3회의 차를 올린 것에 영향을 주었습니다. 고려 다회를 재발견한 것이라 할 수 있습니다. 헌다를 통하여 승조 정신을 가꾸고 진다를 통하여 경인의 정신을, 음다를 통하여 수심을, 또 끽다를 통하여 정서를 알게 되었습니다. 결국, 차는 한갓 음료에 지나는 지난 것이 아니고 차 생활을 통하여 사상과 정신을 연마하는 매개문화란 것을 알게 되었습니다. 이것은 비단 한국인뿐만 아니라 외국인에게도 좋은 참고가 될 것으로 믿으며, 이번 고려 다회 재현 행사의 뜻이라고 봅니다.

화정회원(Members of Hwa Jeong Society)

신 운 학 Shin Woonhak	권 정 순 Kwon Jeongshoon	성 숙 영 Seong Sukyoung	채 영 숙 Chai Youngshuk
홍 성 희 Hong Seonghee	김 경 자 Kim Kyungja	백 민 정 Back Minjeong	한 성 자 Han Seongja
서 문 주 Seo Monju	O 정 설 Lee Jeongsheol	O 나 경 Lee Nayung	김 영 자 Kim Youngja

화 정 회 소 개

화정회는 한국 차인연합회의 지회로써 다도를 통하여 숭조정신과 경인사상 낙도의 정신, 건강 보은등의 다도정신을 배우고 익히는 사람들로 구성된 다회입니다

우리 화정회는 한국차인협회회의 각종 행사에 참여하고, 고려 차를 정기적으로 발표하며 생활차와 화도다법의 이론과 실습을 하는 등 차문화의 보급에 앞장서는 모임입니다

Introduction of Hwa Jeong Society

Hwa Jeong Society is one of the branch associations of Korean Traditional Tea Association It consists of the members to have many concern in the Korean teaism.

They have learned the soul teaism such as harmony among them, respect to the older, enjoying the morality, health, repayment of kindness from the life made up for tea.

일본 교토 사찰에서

가장 민속적인게 세계적인 것으로 될 수 있다는 말에 이 장면이 하나
의 표상으로 보여질 때가 있다.

불국사 사찰다례에서 우라센케(裏千家) 15대 이에모토 센 겐시쓰(千玄室,) 대종장과 기념 촬영

전국차생활지도자연수회

설옥자, 최여사, 신운학

제8회 (사)한국차인연합회 전국회원 연수회

고려차 발표

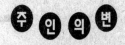

20여년을 차와 함께 해온 신운학 (57)씨. 그는 우리차의 전통인 고려차를 연구하여 우리차문화의 뿌리를 찾은 사람이다.
그는 차를 마시고 차 이야기하다보면 마음의 고향으로 돌아간 느낌을 받는다고 한다.

『차는 종합예술입니다. 한 잔의 차 속에는 수 많은 사람의 예술이 담겨있지요. 차를 재배하는 사람들의 땀과 차 잎을 따서 차를 만드는 사람들의 정성과 기술, 다기를 만드는 도자기예술이 그렇고 차를 끓이는 소리에 저도 절로 시가 나옵니다. 시가 나오면 음악이 나오게 되고 시는 서예를 낳고 음악은 악기를 낳지요. 그리고 무엇보다 감사한 마음으로 차를 마시는 행위가 종합예술로서의 차인 이유입니다.』

요즘 신세대들이 살아온 시간보다 더 많은 햇수를 차와 함께 해온 신운학씨의 차 예찬이다.

그가 남달리 차문화의 근원과 뿌리에 관심을 두게 된 것은 그가 살아온 삶과 관련있을 듯 싶다. 재일동포로 일본에서 20년을 넘게 살았던 그가 일본의 생활, 곳곳에 스며있는 한국문화 아니 백제와 고려시대부터 전해져온 문화자취를 오히려 한국에 건너와 살면서 깨닫게 된 것은 놀라움 이상의 것을 그에게 주었을 것이다. 20여년의 차에 대한 열정도 그런 깨달음이 있어 가능했으리라 짐작한다.

이제 그는 우리 차를 찾았고 본격적으로 일본 속에 있는 우리의 차문화를 보여주기 위해 계획하는 것이 있다. 11월을 전후로 일본 동경의 사이타마현에 있는 '고려마을'에 차공양을 하는 것이다. 이 마을은 고려시대 고려왕족이 그곳에 살아서 성역이 된 곳인데 지금은 그곳에 고려왕의 신사가 있다. 그래서 신씨는 그곳에 고려의 전통차를 공양함으로써 일본에 있는 우리조상의 문화를 되보여줄 계획이다.

사람 좋은 웃음을 간직한 신운학씨와 함께 있다보면 편하다는 느낌을 받는데 이를 오랫동안 차를 접한 사람이 줄 수 있는 느낌인 듯하다. 『차를 마시면 우선 두 손이 모이게 되고 손이 모이게 되면 마음도 모이게 되고 마음이 모이면 예를 갖추게 되지요. 이렇게 차를 앞에 두고 이야기를 하면 마음의 고향으로 돌아간 느낌을 받고 흐뭇해집니다.』 전통찻집을 운영하면서 삶 자체가 차인 행복한 사람이라는 생각을 해본다.

화정회(和靜會)란?

화정의 和는 융화, 즉 화해를 뜻하고 靜은 고요함을 뜻하듯이, 차를 마셔서 중정(中正)의 극치에 들어가는 생활을 위한, 고요함 속에서 융화를 추구하는 모임이 바로 화정회입니다.

차 생활을 하는 중, 오묘하고 신묘한 경지에 들어가는 것을 차신(茶神)에 이른다고 합니다.

화정회 회원들은 녹차 한 잔을 나누면서 맑고 밝은 마음으로 사랑하고 존경하며 진실하고 긍정적이고 적극적인 말로써 이웃들에게 항상 아낌없이 베풀어『평화스럽고 고요함을 차도 정신의 근본으로 삼아』어느 자리에서나 융화될 수 있고 자신을 찾을 수 있는 마음가짐으로 생활합니다. 차 생활에서 예절을 배우고 생활의 지혜, 예술, 일의 순서가 나옵니다. 이러한 차 생활을 이웃에게도 전하고 온 국민이 차를 통하여 단합하고자 하는 사명감으로 화정회의 모임을 만들어 차 생활 운동을 펼치고 있습니다. 차신(茶神)의 경지에 다다르자면 技 10년, 法 10년, 道 10년을 익혀야 한다고 하지만 자신의 마음속에서도 30년의 경지에 다다를 수 있다고 하니, 온 국민과 함께 이러한 정신으로 차 생활을 하면 온 세계를 평화롭게 만드는 길이 아닐까 합니다.

현대와 차 생활

우리는 늘 부족함을 느끼며 살고 있습니다.

사랑, 건강, 시간, 돈, 명예 그리고 권력 등….

부족함을 채우기 위하여 모두들 바쁘게 이것들을 찾아다니고 있습니다.

고요히 있는 것을 사치스럽고 한가한 일이라고도 합니다.

이러한 시대를 우리는 현대라고 하며 현대인의 생활이라고 위로하며

삽니다. 우리는 지금까지 얼마나 찾았고 어느 정도 왔고 또 얼마나 더

가야 할까요?

한잔의 녹차!

바쁜 와중에서도 한가로움을 찾는 시간!

어느 한순간이라도 차를 마시면서 자연의 솔바람 소리를 듣고 인생의

맛을 느끼고 잃어버린 나 자신을 찾으며 이웃을 사랑하고 내 나라를

지키는

생활. 정녕 우리가 찾고 있는 것은 바로 우리 앞에 기다리며 놓여있는

것을….

화정회가(和靜會歌)

김봉호 작사 · 작곡

목여산 기슭에 오롯한 차실이며,

남산골 약수 길어 작설차 끓일 적에,

다연은 한들한들 다향은 훈훈한데,

청자 다관 백자 찻잔 한 쌍이 좋을시고,

색향미 그윽하니 구덕이 겸비라

감로수 불로초가 바로 이거로다.

고로 화(和)요, 고요 정(靜)아!

화정회 다우들은 화목과 슬기로서

영원토록 빛내세.

백제차

무속 다례 의식

공동 고증재현

가예원: 설옥자
고려 화정회: 신운학
궁중다례원: 김복일

출연자
특별출연: 제주 가예원 원장 원장 설옥자
특별출연: 주부 고려 화정회 회장 신운학

팽주: 궁중 다례원 원장 김복일
대차자: 1. 명림회 원장 최송자
        2. 가예원   안연춘
        3. 화정회   오영규

ASIAN WEEK '96'
기간: 1996년 9월 14일(토)~9월 18일(수)
장소: 문화회관 소강당
주최: 부산 광역시
주관: 사단법인 한국차인연회
후원: 국제다도현합히

남한산성 자연미술제

자연과 창조

장소: 전통문화 연구의 집 - 요철요

일정: 단기 4327년 음력 3월 11일 - 3월 25일까지

(서기 1994년 4월 21일-5월 5일까지)

자연 미술제 행사 목적

남한산성은 서울 근교의 명산인 남한산에 위치하여
자연 경관이 아름답고 역사적인 흔적들이 많이 산재
해 있는 민족의 도장이다. 아울러 우리 미술 문화를
국제적인 공간에서 지역성이 뚜렷한 작품을 표현할
수 있도록 전국 미술인의 장을 만들어 전국민이 공감
하는 미술 문화를 창조하는데 그 목적이 있다.

　행사 개간날 4월 21일 3시 산신제 다례행사가 있었다. 고려문예원 원장 및 화정회 회장 신운학 선생님께서 산신께 의식다례로서 선을 보였다. 산신제 행다식을 통하여 여러작가들이 행위미술로서 넓은 자연에서 시범을 보여주었다. 신선생님이 하시는 산신제 의식다례 만큼은 행위예술이라 할 수 있었다. 天神, 地神(山神)에게 감사를 올리는 제의는 너무나 아름다웠다. 음식은 떡, 과일 그리고 채소를 차와 함께 제단에 올렸다. 우리 인간이 천신과 지신의 은혜를 받고 땅에 솟아나는 곡식을 감사의 마음으로 올리는 행식이다. 다례행사는 연꽃 촛불, 향, 헌화를 올리고 다각 네명이 산신제단에서 두명 다각은 양쪽에 서서 또, 두명의 다각은 산신제단 앞에 앉아서 제례를 하는 손님에게 차를 올리고 서있는 사람은 그것을 받아 제단에 올리는 것이다.

남한산성은 서울 근교의 명산인 남한산에 위치하여 자연 경관이 아름답고 역사적인 흔적들이 많이 산재해 있는 민족의 도장이다. 아울러 우리 미술 문화를 국제적인 공간에서 지역성이 뚜렷한 작품을 표현할 수 있도록 전국 미술인의 장을 만들어 전국민이 공감하는 미술 문화를 창조하는데 그 목적이 있다.

진행관련 행사 개간날 4월 21일 3시 산신제 다례행사가 있었다. 고려문예원 워장 및 화정회 회장 신운학 선생님께서 산신께 의식다례로서 선을 보였다. 산신제 행다식을 통하여 여러작가들이 행위미술로서 넓은 자연에서 시범을 보여주었다. 신선생님이 하시는 산신제 의식다례 만큼은 행위예술이라 할 수 있었다. 天神, 地神(山神)에게 감사를 올리는 제의는 너무나 아름다웠다. 음식은 떡, 과일 그리고 채소를 차와 함께 제단에 올렸다. 우리 인간이 천신과 지신의 은혜를 받고 땅에 솟아나는 곡식을 감사의 마음으로 올리는 행식이다. 다례행사는 연꽃 촛불, 향, 헌화를 올리고 다각 네명이 산신제단에서 두명 다각은 양쪽에 서서 또, 두명의 다각은 산신제단 앞에 앉아서 제례를 하는 손님에게 차를 올리고 서있는 사람은 그것을 받아 제단에 올리는 것이다.

1995년 화정회 안국동차실 개원 (왼쪽에서 설옥차, 고세연, 김복일, 신운학, 최송자)

· 1996년 5월 삼청각에서 세계차
문화연토대회 고려차발표

대 고구려 고분벽화 특별전 초대
기념 다례시연

고구려 다례에 부쳐

오늘 이 자리에서 고구려 다례를 시연하기까지는 역대의
제사법을 통해 의례제도를 기본으로 하고 고구려 벽화에서
많은 도움을 받았습니다.

즉, 고구려 시대의 무덤 안에 그려져 있는 벽화들은 무덤
의 주인공인 귀족들의 생전의 생활을 그림으로 옮겨놓은 것
으로, 씨름하는 모습 그리고 귀족들의 생활 모습과 더불어
그들의 지배를 받는 시종이나 노비들의 삶도 엿볼 수 있습니
다. 아울러 고구려 후기에는 무덤을 지키는 수호동물로서 사
신도가 많이 그려져 있는데 그것들은 힘찬 선과 화려한 색체
로 마치 살아서 꿈틀거리는 듯한 생동감을 느끼게 하는 고구

大 高句麗 古墳壁畫 特別展 招待
── 記念 茶禮示演 ──

MEMORIAL EXHIBITION
INVITATION OF SPECIAL EXHIBITION OF WALL PAINTINGS OF
ANCIENT TOMBS OF KOKOORYO KINGDOM

Date : Aug. 14, 1997
Place : British Library in United Kingdom Museum
Auspices : Dong-Ah Ilbo Newspaper Co., Ltd.
Mine sponsor : Ye Dang Research Inst. culture of Kokooryo Kingdom
        KOKOORYO KINGDOM TEA CULTURAL ART RESEARCH INSTITYTE
Sponsor : Ministry of Culture & Sports
        Myungwon Cultural Foundation

려 벽화의 백미(白眉)입니다. 또한 이 시기에는 불교가 크게 융성하면서 수많은 불교 미술품이 만들겠습니다.

고구려 역사를 통해서 왕족 및 귀족 사회제도는 천신, 제사, 고사, 무교, 불교, 제의례, 사당 및 묘(廟) 응 각각 모시는 예의(禮儀)를 알게되고 이를 계기로 다례법(茶禮法)을 연구하게 되어 고구려 모의헌다의식례(模擬獻茶儀式禮) 및 접빈다례(接賓茶禮)라는 주제로서 시연회를 갖게 된 것입니다.

高句麗茶文化藝術硏究會
KOKOORYO KINGDOM TEA CULTURAL ART RESEARCH INSTITUTE.

研究委員 Members of Research Committee

和靜茶禮硏究院   院 長 申雲鶴   주소   110-240 서울특별시 종로구 안국동 52-5
TEL (02)720-4866
Shin, Woon-Hak Director od Hwajeong Tea Ceremony Insttitute
52-5, Ankookdong, Chongroku, Seoul, Korea 10-240 Phone (02)720-4866

宮中茶禮院   院 長 金 福   주소   480-020 경기도 의정부시 호원동 우성2차 아파트 202동 701호
TEL (035)871-1961
Kim, Bok-ll Director of Royal Court Tea Ceremony Insttitute
Room 701 Bldg. 202 Woosung 2 Cha Apt Howondong, Euijeongboo City,
Kyunggido, 480-020 Phone (0351)871-1961

嘉藝苑   苑 長 薛玉子   주소   110-170 서울시 종로구 견지동 74-10 가예원
TEL (02)734-8285
Seol, Ok-Ja Director Ka Ye Won Inst.
74-10, Kyunjidong, Chongroku, Seoul, Korea 110-170 Phone (02)734-8285

安東茶禮苑   苑 長 崔玉子   주소   760-360 경북 안동시 성곡동 822-4
TEL (02)821-4079
Choi, Ok-Ja Director Andong Tea Ceremony Inst.
822-4, Seongkokdong, Andong City, Kyungbuk, Korea 760-360
Phone (0571)821-4079

· 중국 길림성 집안현 소재 오회분 4호묘 널방 천장부 고임 앞쪽 벽화

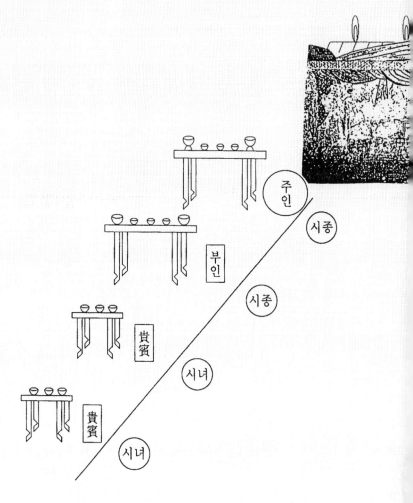

음복(飮福)과 진다례식(進茶禮式)

참조〈각지총(覺地塚)〉, 〈무용총〉, 〈연회 음식 시중 및 무덤 주인 가무배송도〉

팽주인

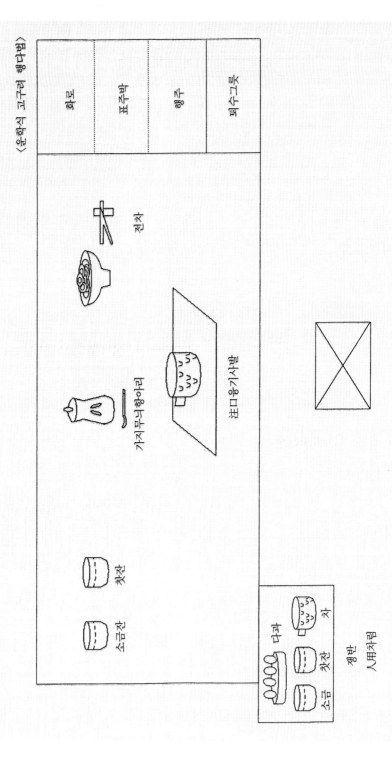

겹빈 찻다상차림 (2)

〈운학식 고구려 행다법〉

화로

표주박

행주

퇴수그릇

전차

가지무늬향아리

注口용가사발

찻잔

소금전

다과

찻잔

차

소금

쟁반

人用차림

92

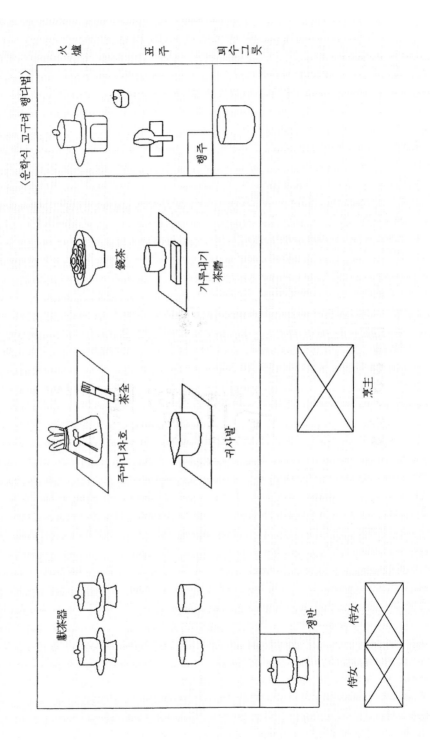

獻 茶 상 차 림 (1)

〈운학식 고구려 행다법〉

火爐 표주 퇴사그릇

행주

가루내기 茶磨

錢茶

茶全

주머니차호

귀사발

烹主

獻茶器

侍女 侍女

쟁반

고구려차 시연

가야차

• 각본. 연출 궁중다례원
• 다도교수 김복일

1. 다례의 유래

[가락국기]에는 당나라의 茶種이 신라에 전래되기 이전에 가락국 종
묘의 차례를 지낸 기록이 보인다. 즉 가락국 김수로왕의 15대 방손(傍孫)
임을 스스로 긍정하는 신라 제30대 문무왕 즉위년(661년) 3월 수로왕의
묘(廟)를 종묘에 합조(合兆)하며 제사를 이어나가라는 어명이 내렸다. 그

리하여 수로왕의 17대 후손인 거등왕이 즉위년(199년)에 제정한 세시(정
월 13일, 7일, 5월 5일, 8월 15일 17일)에 술을 빚고 떡, 밥, 차, 과일 등을 갖추
어서 제사를 지냈다.

2. 허황후 차의 전래설

이능화(李能和 1869-1943)의 조선불교통사(朝鮮佛敎通史)에는 인도차 전
래에 대한 다음과 같은 기록이 적혀있다. [김해의 白月山에는 竹露茶가
있다. 세상에는 수로왕비인 허씨가 인도에서 자져온 차씨라 전한다]

김복일, 설옥자, 신운학

98

하동에서 차 행사를 마치고…

'98 5 17

고려오행다례 발표

제5회 세계차문화연토발표대회 중국 항주에서 고려오행다례 연출
왕가연 회장께 말차를 올리는 모습

'98 10 12

운화말차법(雲花抹茶法)
바다(海)와 구름(雲)과 태양(太陽)을 상징하는
운화말차법

대추
송화가루
말차

운화차

운화차란 일종의 말차로서 푸른 바다를 뜻하는 말차 위에 구름을 상징하는 송홧가루를 뿌려서 푸른 바다 위의 구름과 꽃을 표현한 시각적으로도 훌륭한 일종의 말차법이다. 이때 꽃은 태양으로 상징되기도 한다. 말차 다완에 한 잔씩 타서 마시는 것보다 큰 다완에 한꺼번에 타서 작은 잔으로 여러 명이 나누어 마신다.

운화차(雲花茶)의 재료: 말차, 송홧가루, 대추

다기와 다구: 운화다기, 큰 다완, 작은 다완 3개, 받침 3개 숙우, 퇴수 그릇, 긴차선, 차선대, 차시, 대집게, 『말차차호(大), 송홧가루(중), 대추 차호(소)』 탕관, 화로, 물주자(냉차로 사용할 때는 물주자로 사용한다) 쟁반, 큰 다완 받침(천으로 된 것), 백탕기, 다포, 행주 2개, 다식기(접시), 팔각함차 상, 좌석보 또는 돗자리 손잡이 함.

운화차법 순서

• 화로 쪽에 좌석보 또는 돗자리를 깔고

• 손잡이 함을 왼쪽으로 놓는다.

• 쟁반에 잔 받침과 백탕 주자를 들고 손잡이함 옆에 놓는다.

• 손잡이 함 뚜껑 위에 있는 접은 다포를 꺼내어 펼친다.

• 예를 갖춘다.

• 함 뚜껑을 열어서 함 뒤로 놓는다.

• 말차호를 오른손으로 집어서 왼손으로 집고 오른손 옆으로 잡고 왼 손은 위를 잡아서 중앙에 놓는다.

• 행주를 오른손으로 쥐고 차호를 왼손으로 올리고 차 뚜껑을 열고 차가 있는지 확인한 후, 뚜껑을 닫고 위아래 닦고(하늘과 땅) 차호 몸 체를 시계방향으로 3번 닦고 차호를 오른손 차건 위에 놓다가 중 앙 오른쪽 위에 놓는다.

• 송화차호와 대추차호를 순서대로 놓는다.

- 오른손 차건을 들고 차선대 받침을 꺼내어 닦고 오른쪽으로 놓고
- 차건면을 바꾸어 차시를 닦고 차선과 집게를 차선대 위에 나란히 놓는다.
- 다완 천받침을 펴서 놓고
- 작은 다완이 담겨 있는 큰 다완을 올려 놓고
- 퇴수기를 오른손으로 들고 함을 뒤로 내려 놓은 다음 퇴수기를 왼쪽 무릎 옆으로 놓는다.
- 작은 잔을 1개씩 꺼내어 왼쪽 옆으로 나란히 놓는다.
- 탕관에 물을 큰 다완에 넣고 작은 잔에도 예열하고 긴 차선을 들고 다완의 3시 방향에 놓고(내세계 표시로 돌리고 하늘과땅 태극형으로 3번 저은 다음 감로수를 내린다)
- 아완의 물을 오른쪽 왼쪽 천천히 돌리며 퇴수기에 버린다.
- 차건을 반 접어 다완 속에 넣고 오른쪽 왼쪽 점
  (하늘세계, 중간세계, 내세계 점 찍는다)
- 작은 잔은 차건을 왼손으로 쥐고 오른손으로 잡고 오른쪽 왼쪽 돌리고 왼손에 차건과 함께 쥐고 퇴수기에 버린다.
- 차건을 반 접어 다완 속에 넣고 오른손으로 잡고 오른쪽 왼쪽 돌리고, 왼손에 차건과 함께 쥐고 퇴수기에 버린 다음 잔의 물기를 닦는다.
- 말차호를 왼손으로 자져와서 오른손으로 집고 왼손을 옆으로 내리고 오른손으로 뚜껑을 열어 다완 옆에 놓고 차시를 들고 큰 다완에 차시가득 3스푼반을 넣는다.

- 다완 속의 가루를 4번 찍고 가로 세로 그으면서 안에서 1번 수평으로 1번 턴다.
- 차선을 오른손으로 들고 왼손에 탕관을 들고 조금씩 부으면서 가루를 갠다.
- 적당히 물을 넣고 저은 다음(유화) 거품이 일어나면 차선을 돌리면서 거품산 형태로 만들면서 중심에서 차선을 들어낸다.
- 작은잔에 나누어 넣는다.
- 송홧가루와 대추를 띄운다.
- 쟁반에 있던 차받침에 운화 차를 놓는다.
- 작은 주자에 백탕차를 넣어 같이 가지고 간다.

설거지

- 작은 잔이 돌아오면 제자리에 놓고 뜨거운 물로 오른쪽 왼쪽 돌리
  며 큰 다완과 잔을 행군다.
- 또 드시겠습니까? 하는 뜻으로 약간 예를 갖춘다.
- 큰 다완에 찬물을 넣고 작은 잔에도 붓는다.
- 차꽃이 붙어있는 차선을 큰 다완에 넣고 내세계 돌고 하늘과 땅 표
  시하고 8계를 상징하는 표현

  지(地) 산(山) 수(水) 풍(風) 운(雲) 화(火) 탁(濁) 천(天)

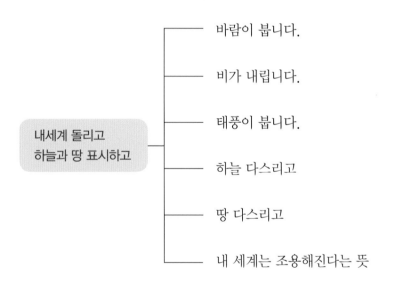

- 차선과 다완을 깨끗이 씻어버리는 과정을 말한다.

- 그대로 퇴수기에 버린다.

- 차건을 반으로 접어 큰 다완에 넣고(하늘세계, 중간세계, 내세계)로 표시하며 닦는다.

- 행주를 왼손에 들고 작은잔과 함께 쥐고 물을 버리고 닦아 큰다완 속에 차례로 넣는다.

- 위에 칸 함을 놀려놓고

- 오색 다완 받침 넣고 집게, 차선, 차신(차건으로 닦고) 차선대 대추차호, 송화차호, 말차차호 순서대로 넣고 뚜껑을 닫는다.

- 다기 놓았던 다포를 접으면서 걷은 다음 함 뚜껑 위에 놓는다.

- 예를 갖추고

- 정리된 쟁반을 들고 퇴장한다.

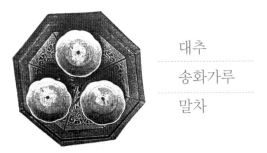

대추
송화가루
말차

※작은 다완 3개에 골고루 따른 다음 송화가루와 대추를 올려 놓는다.

오행순환(五行循環) 다완 에온법

※차선 돌림법 내세계

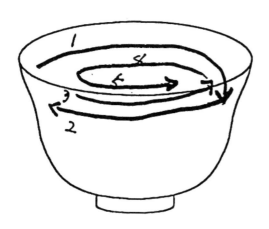

※하늘과 땅과 천지인 3재를 3번 돌린다.

태극형태

다선 위치도

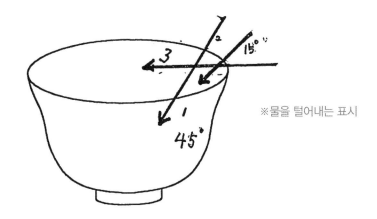

※물을 털어내는 표시

※수분이 하늘로 올라가서 감로수로 내려오는 표시

행주로 다완 닦아내는 법

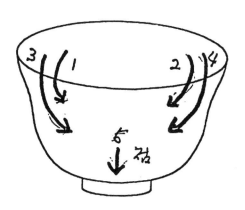

※차선 돌림법 내세계

말차 개는 법

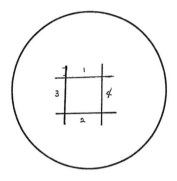 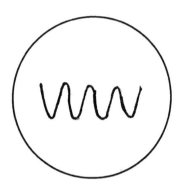

무와 유의 세계로 가는 차시 사용법   차시에 붙어 있는 가루를 터는 법

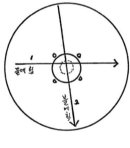 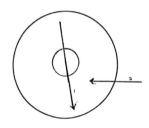

※차   ※차

차선 젖는 속도(加速)

둘째 차선을 세계 돌린다.

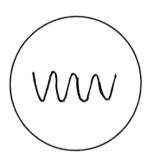

유화포가 생기는 상태

차선을 약하게 젖는다.

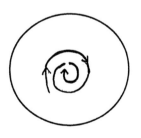

외부 우주에서 내부우주에 가면서 禪의 세계
로(山형태)들어간다.

차선을 완의 중심에서 들어내면 차꽃의 형태
로 나타난다.

운화말차법(雲花抹茶法)

갈무리 볶음차

볶음 차는 팽주와 주객 사이에 따뜻한 마음을 전할 수 있다. 숯 화로에서 차를 볶아서 나오는 차의 향기는 방안 가득히 차고 조용하게 차를 음미하는 행복감을 부담 없이 즐기는 시간이 된다. 볶음 차는 사용하고 남은 차로 변질이 우려되는 차, 그리고 습기가 들어서 맛이 눅눅해지거나 마시기가 염려되는 차의 맛을 살릴 수 있는데, 일상생활에서 쉽게 응용될 수 있도록 만드는 과정을 간단히 정리해 보았다.

• 탕관이 뜨거운 물을 숙우(물식힘그릇) – 다관 – 찻잔에 붓는다.

• 차 볶는 그릇을 가져와 차측에 7~8g 정도 놓고 차 볶는 그릇에 담는다.

• 중간 불에 좌우로 흔들면 연한 색으로 변하여 구수한 향이 날 때까지 볶는다. (볶는 그릇 – 화선지, 은박지 등으로 평평하게 간단히 만들어도 됨)

- 다관 뚜껑을 열고 볶은 차를 다관에 넣은 후 뜨거운 물을 붓는다.
- 차가 우러나는 동안 따뜻해진 찻잔을 퇴수기에 버린 다음 행주로 닦 아낸다.
- 차가 잘 우러났는지 자기 찻잔에 따라서 본다.
- 첫 잔부터 조금씩 셋째 잔(3인분)까지 붓고, 다시 셋째 잔부터 거슬러 따르는 방법으로 반복한다. (이렇게 하면 차의 농도도 같고, 향기도 방안 가득 히 퍼진다.)
- 차 받침을 오른손에 잡고 왼손에 받쳐 옆 손님에게 전달하여 식기 전 에 마시게 한다.

- 두 번째 잔을 낼 때는 탕관의 물을 다관에 넉넉히 부어 숙우에 붓고 손님 앞에 숙우 그대로 놓는다.
- 세 번째 잔을 낼 때도 탕관의 물을 다관에 넉넉히 붓고 손님 앞에 다 관째로 놓는다.

응용 : 숯불, 전기화로, 가스 사용

고려시대의 차문화

성실하게 꾸준하게 즐겁게

처음 차를 배우기 위해 오는 학생에게 예절부터 가르치는 것이 기본이다. 다도 예절, 생활 예절, 다례 예절, 선다 예절, 걷는 방법 등, 몸에 익숙해지려면 꾸준히 배워 나가야 한다.

하루아침 사이에 이루어지지 않는 다도의 가르침을 마음과 몸에 배도록 하기 위해서는 성실히 꾸준히 하는 것이 중요하다. 차는 어렵게 생각하면 멀리 달아난다. 아주 쉽게 여기고, 수행이라는 단어로 자신을 무겁게 짓누를 필요도 없다. 취미생활로 여기고 맛있게 먹고 즐겁게 하면 된다. 고려에서는 행사를 뒷받침하기 위하여 다방이란 관청이 설치되어 다구를 갖추어 수행하였으며 개성에서는 민간인의 다점과 다원이 생겼다.

고려차는 병차와 단차를 연마한 분말차가 주가 되었는데, 중국에서 수입한 용봉단차 외에 뇌원차라는 고려단차가 있었다.

음다 절차는 고려 인종왕 때 송나라 사신으로 온 서긍이 쓴 고려도경에 자세히 소개된 바 있듯이 그 절차가 까다롭고 정중하여, 송나라 풍속에는 없는 우리 고유의 다풍이며, 당시 일본의 무로마치 시대에 영향을 주었다. 고려 다회에서 차로 세 번 올리고 차외에 약탕을 올린 것은 일본 다도에서 아침, 오후, 밤 3회의 차를 올리는 것에 영향을 주었다. 고려 다회를 재현하면서 자각하게 된 점은 고려 차 생활을 통하여 한국의 전통사상과 정신을 재발견한 것이다. 헌다를 통하여 정서를 알게 되었고, 결국 차는 기호 음료에 불과한 것이 아니라 차 생활을 통하여 사상과 정신을 연마하는 매개 문화라는 것을 알게 되었다. 이것은 고려 다회 행사의 뜻으로 보이며, 비단 한국인뿐만 아니라 외국인에게도 좋은 참고가 될 것으로 믿는다.

인사동 차 이야기

    1990년대 중반 서울 롯데백화점에서 말차와 단팥죽, 빙수와 아이스크림을 전문점을 열고 운영하면서 한국 전통문화의 '터'라고 하는 인사동에 전통차 전문점 〈차 이야기〉를 개업하였다. 이곳은 차인들의 사랑방이 되었다. 특히 1998년 전후로 매년 한 차례 전통문화의 날을 만들어 인사동 전체 거리에 우리녹차 마시기 운동을 하면서 무대를 설치하고 녹차를 마시는 방법을 알리고 또 시음하는 시간을 가졌다. 그 이후 인사동에는 다양한 찻집이 생겨났는데, 세월을 돌이켜보면 차문화 운동을 해 온 보람을 느끼게 된다.

고려 시대의 차 문화 / 화정다도회 신운학

제 4회 하동 야생차문화축제

고 려 접 빈 다 례
승 선 차 (僧 禪 茶)

1999년 5월 15일-16일
쌍계사 일원

(社)韓國茶人聯合會 和靜(宗)傳統茶禮院

하 동 분 회   다 정 회

한국의 고려 차는 이전 왕조 시대인 신라 차의 전통을 계승하면서 또 중국 송나라 차의 영향을 받아 고려만의 독특한 다풍을 이룩하였습니다. 고려 차는 신라의 다탕점다법에서 다완점다법으로 바뀌었고 신라의 풍류차에서 다선풍으로 변화되었습니다. 그리고 왕실과 귀족 승려들의 상류 사회에서 서민 계층에 이르기까지 음다의 풍습이 널리 보급되어 있었습니다. 고려는 연등회와 팔관회뿐만 아니라 태후와 왕세자의 책봉, 공주의 하가 등 국가와 왕실의 중요행사 때마다 차를 사용하였습니다. 그리고 이와 같은 행사를 뒷받침하기 위하여 다방이란 관청을 설치하고 다구를 갖추었으며, 개성에는 민간인의 다점과 다원이 생겼습니다.

고려 차의 종류는 병차와 단차를 연마한 분말차가 주를 이루었는데

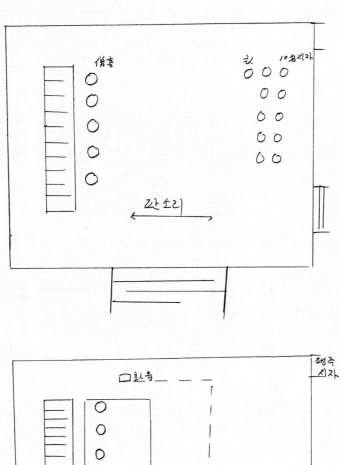

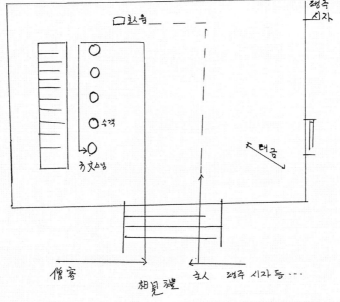

중국에서 수입한 용봉단차 외에 뇌원차라는 고려단차가 있었습니다. 음다 절차는 고려 인종왕 때 송나라 사신으로 온 서긍(徐兢,1091-1153)이 쓴 고려도경(高麗圖經)에 자세히 소개된 바 있듯이 절차가 까다롭고 정중하였는데, 이는 송나라 풍속에는 없는 우리 고유의 다풍이며 당시 일본의 무로마치 시대에 영향을 주었습니다. 고려 다회가 다로(茶爐)에 세 번 차를 올린 것과 차 외에 약탕을 올린 것은 일본 다도에서 아침, 오후, 밤 3회의 차를 올린 것에 영향을 주었습니다. 고려 다회를 재현하면서 자각하게 된 점은 이를 통하여 한국의 전통사상과 정신을 재발견한 것입니다. 헌다를 통하여 숭조정신을 가꾸고, 진다를 통하여 경인의 정신을, 음다를 통하여 수심을, 또 끽다를 통하여 정서를 알게 되었습니다. 결국, 차는 한갓 음료에 지나는 것이 아니라 차 생활을 통하여 사상과 정신을 연마하는 매개문화란 것을 알게 되었습니다. 이것은 고려 다회 행사의 뜻과도 통하며, 한국인뿐만 아니라 외국인에게도 좋은 참고가 될 것으로 믿습니다.

운학식 고려 승선차 시연

主人: (사)한국차인연합회 화정차사연구원 원장 신운학
主賓: 하동분희 화주차회 다정회장 김애숙 회원 10명
僧客: 방장스님 외 4명

사회: 본연합회 사무국장 정인오

대금: 홍영

판소리: 김소현, 박정자

1. 승객(僧客 : 손님)과 주인 상견례(主東客西)에 따라서 팽주, 시자 등이 읍한다.

2. 주인이 승객을 안내 자리로 모신다.

3. 자리에 앉으면 주인이 3배 반으로 절한다.

4. 대금 연주 시작

5. 시자가 다식을 차상(茶床)에 놓는다.

6. 주인이 "다식을 드세요"라고 권하면 승객은 접시에 있는 다과를 먹는다.

7. 시자는 말차 가루를 담은 다완을 가져와 승객 앞에 놓는다.

8. 이때 시자가 다식 접시를 가져간다. 그런 후 시자는 왼손에 다병과 오른손에
   차선을 가지고 승객 앞으로 가서 점다를 한다.

9. 점다가 끝나고 주인이 "차를 드세요"라고 말하면 승객은 차를 마신다.

10. 다음으로 녹차(고려 시대부터 작설차가 있었다)나, 백탕차를 마신다.

11. 차 마시기가 끝나면 시자가 와서 인사를 하고 다과상을 가져간다.

12. 주인은 승객 앞으로 가서 인사를 올리고 찻자리가 끝난다.

13. 그 후 판소리 공연을 시작한다.

14. 승객과 주인, 그리고 팽주 시자들이 나와서 관중과 함께 공연을 감상한다.

15. 공연이 끝나면 서로 인사하고 또 관중에게 돌아서서 인사한다.

16. 모든 행사가 끝나면 승객이 퇴장하고 주인이 전송한다.

韓日親交茶會

日本岡山縣 懷千家 茶道會 （代表 早川彰）

韓國 茶人聯合會 和靜茶道會 （代表 申雲龍）

1999年 4月 9日

場所 선재미술관

接賓茶禮
高麗圖経　雲鶴流茶道

会　記

掛物　「茶友雲集」　朴權欽筆
　　　「希望　春の声」봄의 소리

花　　木　蓮

釜　　辰砂彩白磁

器　　粉青陶磁　白潭窯

長板　高麗洙溜塗　現代無形文化財作

茶碗　王室の茶香（四季）　慶安窯

器置　瓦當（斗당）文青磁

水指　（水覽주영）辰砂白磁　李朝窯

注子　銀製

白湯廷子　瓜型青磁

柄杓　瓢杓（됴자）以믄

建水　（永盆）赤銅洗

菓子　菩夢・松花茶食・花餅

器　　溜塗

盆　　赤松燒　農岩工房

132

高麗時代の茶文化

和靜茶道　申　雲鶴

高麗の国は新羅五十六代敬順王から譲位された王建が韓半島の西北部開城に都して（AD九十八）、国号を「高麗」と定め李朝に至るまでの五百年の間華やかな高麗文化を築きあげました。新羅が残した文化をそのまま引きついたうえに宋・元からも文化の影響をうけて世界最大の八萬大藏経を版刻し高麗翡色象嵌青磁を産んだばかりでなく、宋に次いで高麗独特の茶文化をも創り上げました。

高麗の茶は新羅の生活茶より儀式茶として発展し釜に湯水に点茶する湯茶に沫茶を入れ湯水をそそぎ茶筅で撃払する沫茶団茶風が始められたそうであります。茶の種類は宋の宮廷から贈られた龍鳳団茶等の団茶もあったが脳原茶と言っては必ず茶村に設けられて本寺に納められました。これらの国産茶は地異山麓双磎寺の周辺が主な産地でありすべての国産団茶が主に使われたそうであります。地方の茶所村とは別に中央政府には茶庁というのがあって茶事をつかさどっていたが高麗武臣乱以後にはこの茶庁は重房又は政房と改称されました。

高麗宮中の年中行事のなかで最大の接茶坊子を設けて茶礼を通しての接待を致しました。進茶と特に外国からの貴賓に対しては酒果食膳を供える前に王命によって侍臣が茶を先に捧げることであります。それ以外にも王子王妃の冊封公主は酒果食膳を供える前に王命によって侍臣が茶を先に捧げることであります。それ以外にも王子王妃の冊封公主の婚儀の時などの進茶の礼式は必ずとり行われました。

茶具としては金花鳥盞（金環天目碗）と翡色象嵌青磁小瓶と銀爐と銀釜などみな中国を倣ぬたものを使っていました。又、烹試と飲む方法については凡そ宴会があれば宮中で行い茶を煎じる時は銀製の盞をかぶせ、そして茶をだす時はゆっくり歩いて客の前に運ぶ。茶が客の前にまわし終つたのち始めて飲むのが作法だとのことであります。だからいつも冷えた茶を飲むことになります。舘中で紅組に茶具をならべその上を紅紗のふろしきで覆い毎日三回ずつ茶を出し次にお湯を出します。徐兢という風流人がある官人の招待を受けた時の話であります。

次に、家礼儀式の一端を紹介致しましょう。即ち、客を接待する部屋の位置として主人は東側に坐り、客は西側に坐ります。北は王位の座として床の間或は祭壇があり、東北には水谷ときめております。正客の上座を心星、次客は伐星、一行がならんで坐ると主人の息子が茶菓を出し次に端麗な若者が茶碗を配り左右に茶類、右手に茶筅をもって上その次の客を注ぎ始め下座に至るまで身持ちに乱れがなかったとのことであります。

座から茶を注ぎ始め下座に至るまで身持ちに乱れがなかったとのことであります。客が茶室の門をくぐるときは地神に知らせる意味で太鼓をならします。客は待ち合い室に入り案内人が来る迄待ち客が茶室に入ると主人が現われてあいさつを交わし行事が始まるという。

に禅院では禅茶として重要視され文士達には風流の伴侶として親まれています。このような儀礼茶以外高麗時代の茶生活風習があります。

このように茶生活が儀式化と大衆化されたことは、とりもなほさず世の中が泰平であり佛教文化が栄えたことに原因することであると思います。特に高麗中期に至れば茶を讃える詩文が数多く出る程に生活と密着されていることが推測されます。またこれが後期に至れば茶人即ち禅客として茶禅一致の境地にまで至り、ここに高麗茶碗の芸術が加味され格調高い茶生活が営まれたことであります。

しっとりと　　あて

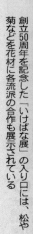

創立50周年を記念した「いけばな展」の入り口には、松や菊などを花材に各流派の合作も展示されている

趣が異なる各流派の生け花を楽しむ来場者

25日まで博多大丸で

は「生け花の専門知識だけ」展」には、毎年韓国側も出にとらわれず教養を高めよ品してきた。

また、入り口には、幅三㍍を超す各流派の代表創立五十周年を記念してによる合同作品も展示して博多大丸で開かれている。いる。

「いけばな展」には、同連　同連盟の安川義之事務盟に所属する二十流派と韓長さんは「住宅事情の変国生花協会から計約四百点化や花の多様化によって、が出品されている。西洋のけ花の世界も変わりつつユリやバラ、日本の松や菊ある。今回の展示会ではそなど、花材や「形」も流派な一面も見られるのではによってさまざまだ。と話している。

134

本 新 聞（夕刊）

に

競演

道連盟創立
念いけばな展

生け花の二十流派でつくる西日本華道連盟（青木秀会長）の創立五十周年を記念した「西日本華道連盟いけばな展」（西日本新聞社など主催）が、福岡市中央区天神一丁目の博多大丸八階で二十五日まで開かれている。趣が異なる各流派の「競演」により、会場はしっとりとした中にも、あでやかな雰囲気を醸し出している。

西日本華道連盟は流派を超えて華道をもり立てようと、一九四九年に発足。以来、「いけばな展」と「西日本華道芸術大学講座」を毎年開催しているほか、この三十年間は韓国生花協会（ソウル）との定期的な国際交流展を開いてきた。

このうち、芸術大学講座に福岡市で開く「いけばな展」では、各流派の代表が韓国・ソウルを毎年五月に訪れ、韓国生花協会と合同の展示会を開いている。十月また、各流派の代表が韓や講演会など多彩な催しを行っている。

う」と、福岡市や北九州市などで開催しており、約一万人が参加してコンサート

꽃의 경연

　일본에서 배운 다화를 한국에서 교육하며 응용한 방식으로 일본 꽃꽂이 경연에 출품하였다.

李方子女史 追慕 및

慶 韓日親善文化交流의 밤 祝

> 日 時：2000年6月11日(日)6時
> 場 所：리틀엔젤스藝術會館(☎ 2204-1001)
> 主 催：韓日文化交流協會　後 援：韓國觀光公社

NO. ⬜ 慶 韓・日親善文化交流의 밤 祝 ⬜ NO.

入 場 券

• 日 時：2000年 6月 11日 午後 6時　　場 所：Little Angels 藝術會館
• 主 催：韓日文化交流協會　　　　　　　　　　　（지하철 5호선 아차산역 4번 출구）
• 後 援：駐韓日本大使館・文化觀光部・韓國觀光公社

₩5,000

（食事・公演料包含）

무대배치도

다례 음악석

안내자 (한국인)   안내자 (일본인)
------> ○   相見禮   ○ <------

한국시자 - ○   ○ - 일본시자
한국팽주 - ⊠   ⊠ - 일본팽주
한국다도자리 - □   □ - 일본다도자리
茶具   茶具

일본문인   한국문인

작품가리개   작품가리개

書畵詩를 쓰는 자리

안내자   안내자

사회자

觀 衆 席

韓·日 文人 接賓 茶禮

사회자

여러 손님들 안녕하십니까? 좋은 계절인 6월, 새차가 나오는 계절에 여러분들과 함께 새차의 향기를 맡기 위하여 이 자리를 마련하였습니다. 마침 우리 나라의 기후와 똑같은 일본 요나고시 지방에서 나오는 향기로운 차를 가져왔고, 동시에 한일 친선차 문화교류를 열게 되어 더욱 좋은 자리가 될 수 있는 것 같습니다.

문인차는 옛날부터 선비와 시인과 서예가가 자연 풍류를 즐기면서 차를 마시면서 훌륭한 작품들을 쓰고 지내셨습니다. 오늘은 한일 문인들이 모여서 옛 문인들을 생각하면서 현대 문인들이 이 자리에서 차를 마시고 어떠한 작품이 나올지 기대됩니다. 오늘 무대에 나오는 분들을 소개합니다. 문인차 시범은 일본쪽은 도또리현 요나고시에 있는 우라센케, 쓰끼하라 요우꼬 선생님의 회원들입니다. 한국쪽은 사단법인 한국차인연합회, 화정차사연구회 신운학선생님의 회원들입니다.

일본 손님 소개 ...
한국 손님 소개 ...

그리고 진행되는 동안 다례음악을 연주해 주실 분들을 소개하겠습니다.
다례음악 연주자들 소개(가야금 ○○○, 대금 ○○○ 등)
먼저 한, 일 문인 접빈 다례를 시작하기 전에 양국의 말차에 대한 간
략한 소개가 있습니다. 고려시대의 말차가 어디에서 왔는지를 조사하다
보니 B.C 5000년경에 신농氏가 차를 발견하여 약으로 사용하게 함으
로써 많은 사람들이 해독제로 사용하게 돈 것이 시작임을 알게 되었습
니다. 후일의 사회에서는 신농씨에게 감사하는 마음으로 찻잎이 나오는

계절에 새차로 제사를 올렸던 것입니다. 이것이 계춘차의 유래입니다.

　고려시대에 와서 불교가 왕성해지면서는 부처님에게 차를 올렸습니다. 또한 주자가례, 향음주례, 예기 등을 참고하여 고려시대의 말차법을 연구하다보니 바로 오늘날의 일본다도의 형식과 같다는 것을 발견하게 되었습니다. 고려시대 송나라에서 '소구'라는 관인이 고려에 와서 차를 접대 받았는데 그때 사용했던 것이 고려도경에 기록되어 있습니다.목, 화, 토, 금, 수의 작용이 오행이다.

우라센케 15대 종장 참석

144

2002년 신운학2-일한친선교류차회에서 이방자 여사와(일본에서)

한국다도대학원 제2기 차문화연구 최고과정
사진 김영희

한국 차문화의 지평을 연 고려말차의 산실
화정다례원

1987년 6월 20일 오후 1시, 한국의 집에서 모의원류차회(模擬原流茶會) 및 고려말차(高麗末茶) 발표회를 겸한 한·일 친선 차문화교류회가 열려 5천 3백년 전 불을 발견하고 차를 약으로 사용한 신농씨에게 헌다하는 계춘차(季春茶)라는 의식다례가 재현되었는데 이 다례는 주나라 때 처음 올려진 것으로 다례의 원류가 된다.

이 행사를 주최한 화정회 신운학 회장은 "일본 다도의 모체가 어디서 나왔는가를 찾아보던 중 계춘다례법과 고려시대의 선원방장재연다례법, 주자가례, 향음, 예기 등을 참고하여 말차법을 연구하게 되었고, 그것이 바로 일본 다도의 형식과 같다는 것을 확인하게 되어 우리 말차법을 만들 수 있었다"고 했다.

"차는 한갓 음료에 지난 것이 아니고 차생활을 통하여 사상과 정신을 연마하는 매개문화이다. 차문화 안에는 예술과 예절 그리고 삶의 철학이 담겨 있다. 차생활을 하는 중 오묘하고 신묘한 경지에 들어감을 차신(茶神)에 이른다고 한다. 화정(和靜)의 화(和)는 화해스러움, 정(靜)은 고요함을 말하듯 차를 마셔서 중정(中正)의 극치에 들어가기 위해 노력하는 모임이 바로 화정다례원이다."

안국동 52-5 윤보선 생가 옆 건물 4층, 안국역 1번 출구 정독도서관 가는 길에 있는 화정다례원, 차실 입구에 우라센케 가원과 차회 모습이 커다랗게 벽면을 차지하고 차실에는 초의선사 족자 아래 작은 화병에 매화 한 가지가 꽂혀있다. 3층 계단의 창 너머에 헌법재판소의 상징인 백송(白松)이 선정에든 듯 육중한 가지를 길게 늘어뜨리고, 인왕산이 보이는 화정다례원은 차인과 도예가, 차관련 문화인들의 발길이 끊이지 않는 우리 차법의 산실 같은 곳이다.

제일교포 2세로 일본에서 차를 배웠으나 한국으로 시집 와 낙선제 이방자 여사의 차회에 초대받고 효당 최범술 선생과 정산 한웅빈 선생을 만나면서

우리 차에 관심을 가지게 된 신운학 원장은 1979년 아인 박정한 선생으로
부터 '화정'이란 호를 받고 연합회에 가입하였다. 1982년 처음 다도교실을
열면서부터 화정다례원은 대부분 한국 최초라는 타이틀이 붙은 크고 작은
행사를 의논하고 연습하는 장소로 고려 차문화 연구와 일본문화교류의 구
심점이 되었고 새로운 다법을 창안해 낸 곳이기도 하다.

신원장은 1970년 예지원 다도회 초대 회장, 숭의여전에서의 생활차 우리
기 등으로 전국에 차문화를 전했고, 1980년 최초의 정약용 헌다제례와 진
관사 육법공양, 1983년도에는 처음으로 동양공전에 다도과를 개설하였고,
1987년 한국의 집에서 고려말차를 최초로 발표하였다.

그후 1989년 미국 하버드와 M.I.T공대에서 고려접빈다례, 1997년 일본

고려신사에서 고려약곽왕 헌다식 등을 토대로 시대별 다법이 나왔다. 의식
다례, 음복법, 진다례, 끽다법, 백당차, 접빈다례 등도 고려말차법에서 나
온 다법이다. 제4회 국제연토대회의 오행다법, 영국대영박물관 고구려차
발표, 고종황제 헌다의식다례, 전국 차생활지도자연수회에서의 홍차와 고
려도경 말차법도 이 차실에서 구상되고 이 차실에서 완성되었으며, 본 연합
회 창립 20주년 기념식에서 받은 명원차문화상의 기쁨도 여기서 이루어졌
다. 지난해 열린 일본 고베 마을의 페스티벌에서 선보인 고려도경 접빈다
례와 매년 5월이면 열리는 이방자 여사 추모헌다례도 이곳 화정다례원에서
추진되고 있다. 이 차실을 거쳐가는 사람들은 차 원로에서 초보자까지 참으
로 다양하다. 30년을 넘게 이 차실을 찾고 있는 성숙경 회원으로부터 모녀

가 함께 오거나 차선생들이 색다른 다법을 익히기 위해 찾는 화정다례원이 이처럼 많은 사람들의 관심을 끄는 것은 신 원장의 차에 대한 끊임없는 연구 때문이다. 때로는 분명치 않은 한국어 발음과 일본적인 생활태도로 오해가 있지만 월별, 시대별, 기물별, 장소별 다법과 냉차, 갈무리차, 선차, 매화차, 생엽차, 운회말차 등의 다법을 구사하며 차신에 집힌 듯 무아지경에 빠져있는 모습이 화정다례원의 상징이다.

"이제는 일선에서 물러나 기왕에 발표한 것들을 책으로 엮어내고, 남한강변의 자택을 차문화원으로 만드는 일을 하고 싶다"는 신운학 원장.

긴 세월 차에 바친 노력에 비해 검소해 보이는 화정다례원 차실에서 문득 오늘의 우리 차문화는 차를 사랑하는 부인들의 끊임없는 열정과 고통을 먹으며 자라왔음이 느껴졌다.

〈김영희 차인 편집장〉

和 靜

찻자리에 앉아

中正을 쫓는다.

칠부로 따른 찻잔에

넘치는

평화와 고요

기다리지 않으면

내가 찾겠노라고

저만치서

茶神이 미소를 보낸다.

미국 순회공연

한국 다례법 지도

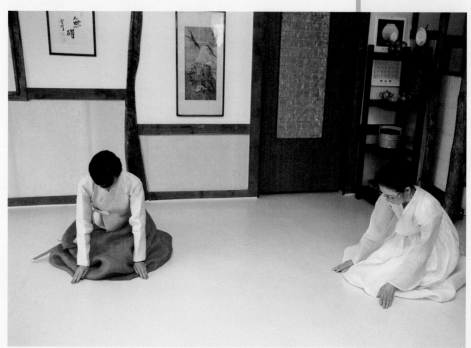

복건농림대학교에서 국제 차 문화사 강의를 하는
중국다예연구중심 김영숙원장 한국 다례법을 배우는 과정

회원 다도 수업

화정 다락회 다도 수업(사진 _좌, 황명임, 우 _안남섭)

화정다락회 소개

화정다락회(회장 안남섭)는 2005년 시작된 취미다도 모임으로 현재 9명의 회원이 있고, 신운학 화정다례원장님의 다법을 기반으로 누구나 기본만 익혀 자신의 일상생활에서 차생활화를 통해 주변에 차문화 확산 활동을 해오고 있다. 양평의 화심정에서 매월 1~2회씩 모임을 갖고 신운학 원장님의 다도수업과 함께 차와 관련된 다양한 체험과 차문화 행사 참여 활동을 통해 다양한 차를 마시며 조화로운 마음 훈련과 차의 세계를 늘 배우고 누리며 나누는 삶을 누리고 있다.

차로 이어진 문화교류의 흔적

1998년 중국 최고 다예사로 선발된 이설 씨와 한국향도협회 정진단 회장 방문하여, 차와 품향하는 시간을 가졌다.

– 정진단

– 이 설

158

이 설, 신운학, 김난희

향과 차 이연

한국의 차 생활 50년,
다도가 몸에 밴 아름다운 그들

차인 2016년 7/8

차향으로 곁을 지켜주는 제자들

문득 한국에서 차를 가르친 지난 세월을 되돌아보았
다. 이곳에서 차 생활 50년이 되었다. 참 많은 일이 있
었고 보람도 있는 세월이었다. 그러나 세월 속에서 빛
나던 많은 것들은 퇴색하여 기억 속에서만 분주할 뿐

이다. 기억 속의 흔적은 빛을 잃어가고 있지만 나의 눈앞에는 이토록 빛나는 존재들이 있다. 차실로 찾아와 다정하게 인사를 나누는 애제자들, 수업시간에 조용히 그리고 차분하게 다실에서 행다 준비를 하는 제자들을 보면서 많은 것 느끼게 된다. 나를 처음 찾았을 땐 다도의 의미도 예절도 몰랐던 사람이 어느덧 성숙해지고, 다도의 가르침이 몸에 밴 모습에 참으로 기특하고 아름답다고 느끼게 된다.

한국차인연합회의 다도대학원에서 우수한 성적으로 상도 받는 사랑스러운 제자들이다. 이것이 한국에서의 차 생활 50년, 최고 보람이 아닐까. 화정다례원의 회원들은 아니가 30대에서 80대인데 그들은 선후

화정회 원장 _ 김명례

배로서의 예의를 지키고 서로 존경하고 아끼며 지내고 있다. 그리고 그들은 나보다 미인들이다. 서울에서 1시간 30분 이상 걸리는 먼 길을 비가 오나 눈이 오나 환하게 웃는 모습으로 모여드는 그들, 맛난 다식과 요리를 가져오고 재미있는 이야기도 들고 와서 하하 웃음꽃을 피워내는, 차처럼 향기로운 마음의 소유자들이다. 몸이 불편해서 예전처럼 이것저것 마음대로 해주지 못하는데도 언제나 한결같은 모습으로 곁에서 차향을 피워내는 화원들이 있어 내 여생이 은은한 차향 속에 매일을 맞는다.

성실하게 꾸준하게 즐겁게

처음에 다실에 차를 배우기 위해 오는 학생에게 예절부터 가르치는 것이 기본이다. 다도예절, 생활예절, 다례예절, 선다예절, 걷는 방법 등, 몸에 익숙해지려면 꾸준히 배워 나가야 한다.

하루아침 사이에 이루어지지 않는 다도의 가르침을 마음과 몸에 배도록 하기 위해서는 성실히, 꾸준히, 하는 것이 중요하다. 차는 어렵게 생각하면 멀리 달아난다. 아주 쉽게 여기고, 수행이라는 단어를 스스로를 무겁게 짓누를 필요도 없다. 그 반대로 취미생활로 여기고 맛있게 먹고 즐겁게 하면 된다. 다기를 꼭 전통다기를 고집할 것도 없다. 현대다기를 쓰는 것도 좋다.

다도는 격식이고 다례는 의식이다. 격식을 가지려면 생활 도자기를 쓰면 안된다. 오래 내려왔던 전통다기를 격식에 맞추어 행위를 해야 한다. 격실을 가진 다도는 음과 양이 전재하고 채용법을 사용해야 한다. 차를 마실 때 오른손이 찻잔을 들면 왼손이 받치고 색향미를 음미하며 마신다.

다기는 사계절 나누어서 사용해야 된다. 봄에는 봄다운 백자다기를 쓰고 여름에는 여름다운 입이 넓은 찻잔을 쓴다. 가을에는 옅은 갈색의 가을향이 나는 다기를 사용하고 겨울에는 천목다완이나 색이 짙은 다기를 쓴다. 그래서 차를 찻잔에 담을 때 70% 정도로 하고, 나머지 30%는 차향에 자리를 비운다. 이렇게 해서 다도세계와 생활다도, 다기를 콤비네이션 하여 현대적 취미다도를 만들어 나름대로 즐겁게 디스플레이 하는 것도 차 생활의 재미일 것이다.

차 한 잔에는

한 잔의 차에는 수많은 사람의 노고가 들어있다. 차 한 잔을 마시기 위해서는 도자기 다기를 만들어야 한다. 그리하여 24시간 불을 지키면서 다기가 완성될 때까지 땀 흘리는 도예가의 혼이 깃들어 있다.

차 한 잔에는 차를 만든 사람의 노고도 깃들어 있다. 맛있는 차를 만들기 위해 차밭에 나가 차를 가꾸고, 잎을 따서 제다를 하고 세작, 중작, 대작으로 나누어서 포장을 한다. 소비자한테 보내는 일도 해야한다. 그리고 다도구를 준비해야 되는 기술자의 노력도 있다.

차 한 잔을 마시기 위해서는 이 모든 것들을 합쳐서 행다자가 여러 가지 작품을 대표로 사용하게 되는데, 행다 하는 사람의 자세가 나쁘면 노력했던 분들의 노고가 물거품처럼 사라진다. 훌륭한 작품을 망가트리고 그분들의 가치도 떨어트리는 셈이 된다. 훌륭하게 보일 수 있는 작품으로 만드는 역할은 행다자에게 달려 있다. 그래서 행다자는 정신과 행동을 조심스럽게 다루어야 한다. 행다자에 의해 작품들이 죽느냐 사느냐가 결정되는 것이다.

화정다례원 회원들이 행다에는 샘의 맑은 물과 새로 난 초록의 잎처럼 투명한 빛이 스칠 때가 있다. 튀거나 모나지 않게 흐르는 그들의 움직임에서 차 한 잔에 깃든 사람들의 노고뿐 아니라 자연의 은혜까지도 품고 있는 듯 느껴진다. 차인지에서 여름특집으로 냉차를 소개한다고 해서 우리 차실로 찾았던 그날, 촬영을 위해 냉차를 준비하고 자리에 여럿 둘러앉았다. 바깥은 섭씨 30도의 꽤 무더운 날씨였다. 하늘을 올려다보니 놀랍도록 청명한 파란 바탕에 아이스크림같은 하얀 구름이 두둥실 떠 있었다. "냉차 마시는 우릴 보며, 나도 내려가 냉차를 마셔볼까 하고 고민하는 것 같네?"라고 했더니 그 말에 회원들이 해맑게 웃었다. 그 웃음이 꼭 파란 하늘에 아이스크림 구름 같았다. 맑고 고운 사람들.

사)한국차인연합회 회원 방문

일본 문화훈장 수상

© 김광호

한국에서 일본 문화 중 다도와 그에 관한 활동 및 교 육 등을 감안하여 일본 정부에서
자국 문화에 대한 교육 및 협력에 대 한 공로를 인정받아 일본문화원에서 훈장 수여

다성 금당 최규용선생 추모 문화제

예절차의 의미와 실기

1. 행다법의 의미

1) 음양 오행(陰陽五行)의 원리

원초 우주는 천지가 아직 분화되지 않은 상태였으며, 이 혼돈 속에서 양(陽)의 기(氣)가 상승하여 하늘이 되고 음(陰)의 기(氣)가 하강하여 땅이 되었다. 하늘과 땅은 같은 뿌리에서 하였으며, 하늘과 땅 혹은 양과 음은 서로 완전히 상반되는 본질을 가지나 원래가 같은 뿌리이기 때문에 서로 왕래하고 서로 끌어당기고 교감하고 교합한다. 그 결과 하늘에는 태양, 태음, 목성, 화성, 토성, 금성, 수성이 탄생하였다. 땅에는 음과 양의 2대 원기가 교합한 결과 목(木), 화(火), 토(土), 금(金), 수(水)의 오기가 생겼다. 목, 화, 토, 금, 수의 작용이 오행이다.

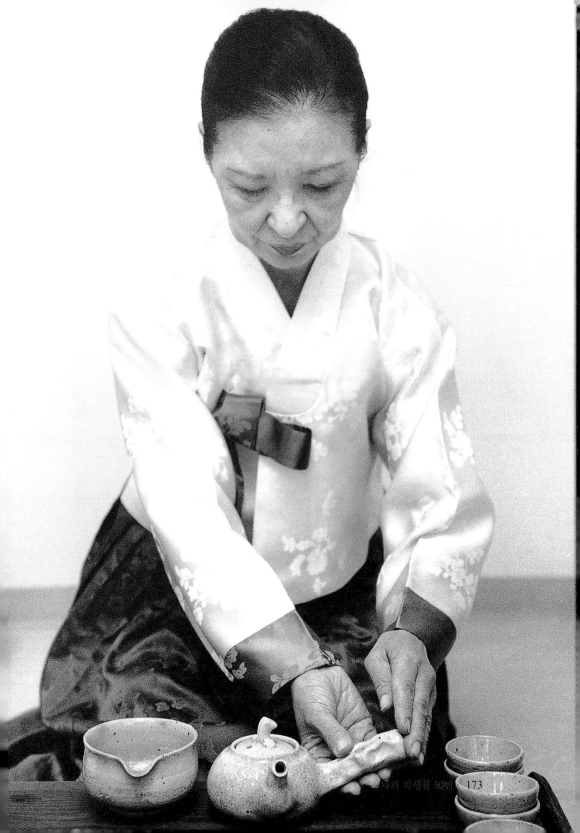

2) 차 속의 宇宙

오행의 순환 작용에서 상생(相生)의 법칙을 보자 나무와 나무를 마찰하면 불이 생긴다(木生火), 물질이 연소하면 재, 즉 흙이 생긴다(화생토). 흙속에는 금속이 매장되어 있다(土生金). 습도가 높은 때 금속에 물이 생긴다(金生水). 나무는 물에 의해 성장한다(水生木).

다도의 근본에도 차를 끓여서 마시는데 필요한 원리가 있다. 차를 마시려면 숯불, 풍로, 물솥, 다완이 필요하다. 차의 도구도 오행의 작용에 의해 만들어진다. 나무가 불에 타면 숯이 되고, 재가 생기면 흙이 된다. 흙은 도자기의 원료가 되고, 흙이 모래로 변하면 금은(金銀)이 나오고 은(銀) 화로와 은솥이 만들어진다. 그러므로 다구의 원리는 오행이다.

2. 行茶禮의 순서

1) 예를 갖추고 평절로 인사를 하고 공수하고 "차 한 잔 올리겠습니다"라고 말한다.

2) 상보를 접어서 왼손에 들고 오른손으로 퇴수기를 위쪽으로 옮기고 상보를 퇴수기가 있던 자리에 놓는다.

3) 찻상의 다구 배열하기

중심에 있는 차호를 오른손으로 가져와 왼손으로 받치고 차호를 시계 방향으로 한번 돌려 차호 뚜껑을 열어 차가 있는 것을 확인하고 찻상 오른쪽 위에 놓는다.

4) 차 수저도 따라서 차호 바로 밑으로 옮긴다.

5) 손잡이가 왼쪽으로 놓인 다관을 바로 해서 놓고 숙우도 바로 돌려놓는다.(그림 1)

6) 첫째 찻잔을 오른손으로 가져와 몸의 중심에서 왼손으로 받치고 시계 방향으로 약간 돌려 찻상 위쪽, 왼쪽부터 놓는다. 둘째, 셋째 찻잔도 마찬가지로 해서 가로로 나란히 놓는다. 넷째, 다섯째 찻잔은 셋째 찻잔 아래에 가로로 놓는다.

7) 퇴수기 안에 있는 솥뚜껑 받침을 꺼내 화로 아래에 놓고, 물항아리 뚜껑을 열어 물항아리 옆에 세운다. 다건을 들고 솥뚜껑을 열어 받침 위에 놓는다.

8) 표주박으로 솥의 물위를 하늘, 땅의 의미로 두 번 가로로 긋고, 물을 떠서 숙우에 따른다. 표주박은 솥 위에 걸쳐 놓는다.

9) 숙우의 물을 다관에 부어 예열한다.

10) 표주박으로 물을 떠서 숙우에 따른다. 물의 온도를 70도로 식힌다. (그림 2)

11) 다관을 들고 몸의 중심에 와 왼손으로 받치고 다관을 시계방향으로 한 바퀴 돌려 첫 번째 잔부터 차례로 찻잔에 물을 따라 예열한다. (그림 3)

12) 다관 뚜껑을 열고 오른손으로 차호를 가져와서 뚜껑을 열어 제자리에 두고 차 수저를 가져온다. 차호를 다관 옆 가까이 가져가 찻잎이 부서지지 않도록 차 수저를 돌리면서 차를 떠 다관에 넣는다. (1인분:2g 정도)(그림 4. 5)

13) 차가 우러나는 동안 예열한 찻잔 닦기.

1번 잔부터 가져와 다건 위에 올려놓고 시계 방향으로 한번 돌리고 퇴수기에 물을 버린다. 오른쪽 무릎 위에서 다건으로 찻잔의 물기를 살짝 닦아 몸의 중심에 찻잔을 가져와 제자리에 놓는다.

14) 다관을 들어 시계 방향으로 한 바퀴 돌리고 한 손으로 팽주 찻잔에 차가 잘 우러났는지 확인한 후, 두 손으로 1번 잔부터 차례로 차를 따르는데, 두 번에 걸쳐 따른 뒤 몸의 중심으로 가져와 왼손으로 다관을 받쳤다가 내려놓는다. (그림 6)

15) 찻잔 받침을 가져와 왼손바닥에 놓고 찻잔을 놓은 뒤, 받침을 오른손, 왼손으로 번갈아 잡았다가 다시 받침 앞쪽을 왼손으로 잡아서 다반에 놓는다. (그림 7)

16) 차 마시기.(그림 8)

17) 표주박으로 숙우에 물을 따르고, 조금 식힌 뒤 숙우의 물(80도)을 다관에 따라서 2분 정도 우린다. 숙우에 차를 따라서 손님 앞에 낸다.

18) 두 번째 차를 마신 뒤 다식을 낸다.

19) 세 번째 차는 묘차이기 때문에 숙우에 물을 따른 뒤 숙우의 물(90~95도)이 뜨거울 때 바로 다관에 부어 따끈한 차를 손님께 낸다.

20) 찻잔을 거두어 설거지하기

21) 표주박으로 물 항아리의 찬물을 떠서 숙우에 따른다. 숙우의 물을 1번 잔부터 따른다.

22) 먼저 다건을 들어 다건의 면을 바꾸어 잡고, 팽주 찻잔부터 물을 퇴수기에 버리고 다건으로 세 번 돌려 닦아 찻상 왼쪽 아래에 놓는다.

23) 다건의 면을 두 번째 바꾸어 숙우 안에 넣고 숙우를 들고 왼쪽, 오른쪽, 가운데 순서로 닦는다.

24) 다건의 면을 세 번째 바꾸어 다관의 뚜껑 위, 아래, 손잡이까지 닦는다.

25) 다건도 처음 접힌 대로 접어, 원상 복귀하여 찻잔 밭침 아래에 놓는다.

26) 숙우를 처음의 형태로 돌려놓고, 다관도 처음의 형태로 돌려놓는다.

27) 차호를 들고 와 시계 반대방향으로 돌려 중앙의 제자리에 놓는다.

28) 물 항아리의 물을 표주박으로 떠서 솥에 보충한다. 표주박으로 솥의 물을 떠서 따르며 한번 섞어놓는다.(그림 9)

29) 퇴수기 위에 표주박을 올려놓는다.

30) 솥뚜껑을 조금 열리게 덮고 물 항아리 뚜껑도 덮는다.

31) 찻상보를 왼손에 들고 퇴수기를 오른손으로 아래로 내리고 뚜껑 받침도 퇴수기 뒤로 옮겨 놓는다.

32) 찻상보를 펴서 찻상을 덮는다.(그림 10)

33) 평절로 인사를 하고 공수하여 "마치겠습니다."라고 말한다.

2008년
사진으로 보는 한국다도(图释韩国茶道)
편저: 동계경(童启慶) 절강대 교수
사진: 박홍관

　　절강대학교 동계경 교수의 저서로 한국 다도를 중국에 알리고
자 기획된 책이다. 한국에서 각분야 원로 차인들의 다법을 사진
으로 이해 할 수 있게 만들었다. 당시 절강대학교 동계경 교수의
제자인 김영숙(중국다예연구중심 원장) 씨가 한국에서 책임을 맡고 진
행하였다.

图片说明：

1. 主人在院落内迎接宾客。

2. 主人向宾客行礼，来宾点头行答礼。

3. 一人引导宾客入茶室，另一人走在来宾身后。

4. 进入茶室后，宾主相见。

5. 分主宾位跪坐，彼此行礼。

6. 礼毕，寒暄片刻。

7. 主人打开香炉盖。

8. 主人打开香炉盖。

9. 往香炉内洒入香粉，盖上炉盖。向右转身45°，将香炉放在身体右侧的小香案上。

10. 助手与主人彼此行礼时礼，主人示意将香案端给来宾，助手表示答应。

11. 助手端起香案。

12. 助手走到来宾面前，下跪并放下香案。

184

186

2016년 중국 동계경 교수와 팔순 기념 사진(2016년 신라호텔 영빈관에서 가진
김영숙 원장의 무이암차 대홍포 품다회에서 동계경 교수와 팔순 기념 행사를
별도로 진행하였다) 좌측 : 신운학/우측 : 동계경

일본에서 활동하는 동생 申雅孔 ➡

西宮神社にて

嵐山『花の家』にて
裏千家　立礼　申雅孔

清水寺で献茶

高麗茶道の
申雅孔さん

　京都を拠点に活動する
高麗茶道書院長の申雅孔
（申雅子）さんは昨年11
月29日、18年におよぶ活
動を記念する高麗茶道の
献茶と交流会を清水寺大
講堂内（東山区）で行っ
た＝写真。水谷幸正仏教大
教育学園理事長、大西真
興清水寺執事長、王清一
一行っている。

民団京都本部団長ら来賓
を含む約50人がお点前を
堪能した。
　清水寺での韓国茶道の
献茶は初めてで、参加者
は優雅な所作に見入って
いた。任日僧侶による韓
国語の読経も行われた。
申さんは日本で高麗茶
道の普及に努めるととも
に、茶道を通じて韓日の
相互理解を深める活動も

韓国伽耶寺にて

2014.02.12

東日本大震災　岩手にて

나의 차생활 50년

초판 1쇄 인쇄 ┃ 2021년 12월 21일
초판 1쇄 발행 ┃ 2022년 01월 10일

글   ┃ 신운학
발행인   ┃ 박홍관
발행처   ┃ 티웰
교 정   ┃ 심영석
디자인   ┃ 엔터디자인 홍원준

등록   ┃ 2006년 11월 24일 제22-3016호
주소   ┃ 서울시 종로구 삼일대로 30길리, 507호(종로오피스텔)

전화   ┃ 02.720.2477
메일   ┃ teawell@gmail.com
ISBN   978-89-97053-54-4 03590

정가 _ 20,000원